rules

毫不费力的

轻松收纳法则

朝日新闻出版 编

袁璟 译

广西师范大学出版社

· 桂林 ·

目 录

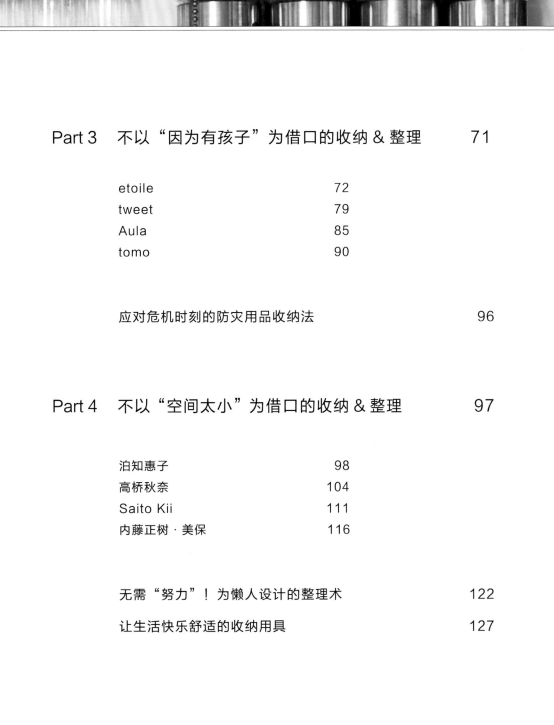

[注意事项]
* 本书登载的住家均为私人住宅，拍摄物品均为私人物品。即便标注了持有者于何处购买，现在也有可能已经无法买到，请予以理解。
* 本书登载的住宅，出于生活便利性及安全性的考量，经个人判断后实施空间改造方案。将其作为参考样本，对自宅空间进行改造时，请务必结合自身状况，对安全性及实用性进行充分考量，自行判断是否实施。
* 本书登载的数据皆为采访时的数据。

前 言

时尚的室内装饰、富有品位的房间安排，

这是许多人憧憬，

并在脑中描绘，期盼实现的美好空间。

然而，无论怎样的生活都躲不开收纳和整理。

即便是拥有时尚装饰的家庭，

也必然要对物品进行收纳，每日重复整理的过程。

那些打造出漂亮空间的主人，

究竟如何进行收纳？

用什么方法处理整理的难题呢？

我们探访了十七位达人的美好生活空间，

并向他们探问为了维持富有魅力的室内空间，

所采用的收纳和整理法则。

这些法则何止三人三色，可以说十七人皆不相同。

由于家庭构成、房间大小、性格偏好不同，

做法也就没有标准答案。

但是，每个人的法则都无需太过费力，并易于每日坚持。

在其中，发现适合自己的法则，

或者从中获得灵感，创造自己特有的法则。

本书若能对此有所帮助，我们将引以为幸。

本书中登场的人物，每一位都有其独特的收纳和整理法则。
在他们中，有人每天都会思考收纳，有人则通过这次的采访重新思考这个问题，
这让本书充满了富有意义的发言。首先，就为各位奉上大家的收纳和整理语录。

购物时，一定会考量这件物品是否与自己家的氛围相配。尽量保证东西
放在家里，不会让我产生"总觉得哪里不对"的感觉。

——中川 Tama（料理家）

白色，真的是非常好用的颜色。

——埃玛·朗格（宜家职员）

放置在家中的一定是日常的爱用之物，再就是儿子的照片和作品。除此
之外，不会想放置其他物品。

——清水梨保子（建筑家 & 生活家）

我的理想是零收纳。让物品以美好的姿态展示在外，不用
时时考虑收起来。

——水上淳史

先在脑中勾画理想的生活状态，然后再开始"整理"。
之前读室内设计学校时收集制作的"理想空间档案"，也派上了用处。

——川原惠

如果选用设计相同的调料瓶，用完后将瓶子放回原处、全部排齐，
就会有种"真清爽呀！"的感觉。
我就是为了体验这种感觉而保持着整理的习惯。

——宇和川惠美子（设计师）

观察孩子们玩耍的习惯，确定收纳方法。

——tomo

收纳的关键其实在于如何处理那些无趣的东西。
我的方法是使拿取、归放保持简单，至少不要让东西散乱各处。

——etoile

我丈夫是个拿出东西不归回原处的"惯犯"，所以我会在
那些容易被乱放物品的地方放上收纳用品，让他能愿意
将东西归置进去。

——tweet

说白了，就是重视外观。
桌子和水槽等干净清爽，心情也会变好，因此会紧紧守住这些
地方，努力保持清爽。

——Aula

即便是百元店买的东西，只要加以改装，也能成为自己的爱用品。

如果自己喜欢的物品就那么散乱摆放，会让我耿耿于怀，自然会动手整理起来。

—— 萩原清美

以前对收纳很不擅长，总是将东西藏进柜门了事。

但自从家里改成了开放式收纳，整理变得越来越轻松，自己持有的东西也能好好管理了。

开放式收纳是最适合我的方式了。

—— 泊知惠子

在别人的博客上看到漂亮的黑白空间后向往不已。

想着自己憧憬的空间，便会积极地进行收纳和整理。

—— 高桥秋奈

小巧的空间，有很多好处呢！

—— Saito Kii

追根究底找到家中散乱的原因并解决，这个过程让我乐在其中。

—— 内藤正树

当人们看到那些简洁时尚的室内空间，便会不由地心生向往，同时也会想要知道那户人家的收纳＆整理方法。"保持那种室内空间的秘诀是什么呢？"我们抱着这样的疑问，拜访了这些住家。以下就是在这些时尚空间中发现的那些具有原创性的收纳＆整理法则。

在令人憧憬的室内空间
收纳＆整理

"不想让起居室显得过于孩子气"，
于是将色彩缤纷的玩具收纳在不显
眼之处，大人也可在此舒适地度过
休闲时光。沙发和长凳购于自家。

控制色彩数量和饱和度，用白色打造清爽空间

宜家职员　埃玛·朗格

法则 1　室内装饰以白色为基调，是让空间显得宽敞而清爽的法宝。

法则 2　将东西放入盒子、篮子或瓶子里，便不会变得杂乱，从而呈现干净规整的外观。

法则 3　不设任何法则，这本身就是法则。最重要的是保证心情舒畅。

要让房间显得清爽，终究还是白色最有用。墙壁、大件家具、台面、地面等，这些显眼的地方用白色进行装饰，会让空间显得更为宽敞。

埃玛并非极简主义者，她也明白自己属于东西多的那类人。同类型的小物品会收纳进箱子、盒子、瓶子中，给人归置好的整体感。

埃玛没有动脑筋去设想一条条细则。而是将自己的感觉和好心情摆在第一位，顺从这些感觉，让快意生活自然萌发。

起居室

这个角落专门用来收纳孩子的毯子和玩具。特意只留有少量玩具，如果一下子给太多玩具，也会对他们形成一种压力吧。「将他们不太玩的玩具藏起来，过一阵子再拿出来，他们就会当作新玩具。」

一岁女儿的玩具，因为大部分色彩都很鲜艳，便收纳在手提箱式的纸盒中，防止空间色彩显得过于杂乱。

把「面包超人」放入自然风格的篮子里，或用束口袋收纳起来，就不会破坏大人们休闲空间的整体感觉。

边桌上堆着笔记本和正在读的杂志。她并不是将所有东西都收起来，像这样可以随意摆放东西的空间也是必要的，会让心情得到放松。

孩子们收到的礼物和纪念品则放入盒子里，再一起收进橱窗。给纸盒贴上不同布料进行改造后，光是堆叠起来也显得很可爱。

灵活地将「五月人偶」的装饰玻璃盒，改造为展示盒。这种日本人意想不到的装饰方法，恰到好处！在二手家具店单独购入了这只玻璃盒。

从起居室下几级楼梯后的角落，摆放着从日本二手家具店购入的，用长板凳与玻璃矮柜拼装在一起做成的玻璃陈列柜。

起居室

埃玛作为人气家居品牌宜家的设计总监，从瑞典来到日本，负责宜家室内设计的统筹工作。身为室内装饰的专家，她的个人品位毫无疑问是出众的，将日本的多户住宅空间打造得时尚靓丽，同时还有很多关于收纳和整理的好主意。印象中，日本的住宅大多空间狭小，其实她在瑞典的家还要更小。在瑞典时，埃玛便发现了"白色"的力量，并将其运用在了东京的生活中。"白色是北欧风格的基调色。它能非常有效地让房间显得宽敞、干净。"埃玛说道。碗柜等大件家具被涂成白色，大沙发和地毯以及餐桌布都选择白色，墙壁也保留原本的白色——让空间清爽的基本工作就此完成。

"在这个新家，全都使用白色会变得有些凄冷。因此我会掺杂一些旧家具达到协调、平衡。"原来如此，仔细一看就会发现在日本二手家具店购买的小物件摆放在各处，浑然天成般被当作收纳用具，有些还活用成了展示柜，这是外国人才会有的崭新创意吧。埃玛称自己并非极简主义者，让物品完美地与整个空间融合是她的独到之处，也是不容忽视的好方法。

餐厅

因为碗柜很大，其中一部分空间放置了纸盒，用于收纳餐具以外的东西。召集朋友聚餐时用的蜡烛和烛台等都固定存放在这个位置。

小件的茶具都是成套使用的，因此一并收在竹篮里，拿取、归置都很方便。一次性筷子则放在玻璃罐里，这么做也很像外国人的作风。

餐厅里放置了大件的碗柜。因为刷成了白色，即便体量很大，也不会显得突兀笨重。放在橱柜上方用于收纳的是日本的旧木箱，彰显了文化融合的旨趣。

厨房

漂亮的砧板和调味料罐等，用心挑选，即便全都放在外面，也会变得像画一般。所以就这样自然摆放在燃气灶旁，拿取方便，使用起来也很顺手。

厨房用具等则竖立放在触手可及的地方，使用时拿取也方便。右边用来装用具的容器惹人注目，这是灵活运用了废弃的水壶。

在煤气灶的前方，利用撑杆将锅具都吊挂起来。"在空间有限的日本住宅里，应该更多地利用墙壁空间。"

一整面墙壁做成了内嵌定制的开放架子。不仅堆放了书籍和杂志，还有很多充满趣味的小物件，纸盒和文件夹都选用了白色，看上去格外清爽。

在被当作书房的独立空间，埃玛自己将电线扭曲造型，做成了文字进行装饰。这里同样选择了白色桌子、椅子等大件家具，黑色仅仅作为调剂。白与黑是北欧风格的经典组合。

在二手家具店购买的多层方盒放在桌子上，派上了大用场。简单的黑色盒子用做收纳，让杂乱的桌面一下子变得整洁。

做手工时用到的材料也都放在开放架子上。随意地放入玻璃瓶中排列整齐，便成了一种陈列展示。

虽然其他的房间也是以白色为基调，"但卧室尤其喜欢纯白的感觉"，埃玛说道。待在里面，可以一下子放松、平静下来。墙壁上展示的是可爱的儿童服装。

卧室

凳子上叠放着杂志，真是豪放的收纳方式。足够的高度让它变身为边桌，放上绿色盆栽作为装饰恰如其分。

盥洗室

洗面台的一角成套存放着女儿的尿布和换洗衣物。必要的物品全都集中起来放在竹筐里，换尿布和衣服时，可以一气呵成。

资料

与丈夫、一岁的女儿，
三人共同生活。
两室一厅
建筑年数 约 30 年
东京都

1 F

2 F

用日式旧家具构建室内空间。所挑选的物件整体呈现出轻快的氛围，不仅没有压迫感，改变空间布局时也非常简便。

与闲适的空气感相衬，采用宽松收纳方式

料理家　中川Tama

法则 1　太过细致入微的收纳会形成压力，确定好大致位置就行，要宽松地实行收纳。

不会巨细靡遗地设想玻璃杯放这儿、布放那儿，大致确定一个场所进行收纳便好。这样能够一直保持美观。

法则 2　挑选物品时，会考虑"是否与我家的氛围相配"。

在店里看到某件物品非常漂亮，但如果感到与自己家的氛围不吻合便不会购买。像这样坚持下去，才能让家里的氛围免除杂乱。

法则 3　不对物品进行设定，比如"这是某事专用"，只要生活中有需要便迅速改变用途。

中川女士经常会因为某物氛围合拍便买回家。特意不规定其必须用于某类物品的收纳，在必要的时候，便立刻改变用途加以使用。

餐厅

书架上放置了具备传真功能的电话机，与空间的整体氛围不太合衬，于是盖上了布。上层搁板用作装饰品的陈列，这种使用方法并非只注重实用性。

餐厅架子上的玻璃柜中只收纳玻璃器皿。看上去漂亮，也让人一下子便能分清种类，家人和客人帮忙拿取也很方便。

架子下方的竹筐收纳了无线网络的路由器和电线等，盖上布便看不到里面，所有就算杂乱也无妨。

架子旁边的小抽屉柜里，放的是孩子们上学相关材料的复印件、信用卡账单等。

这是从起居室望向餐厅时的画面。长凳或者圆凳等，都选择了这种能承担多种用途的家具，不会因物件本身而受到限制。

藤编篮筐用来收纳废纸。连这类东西都有固定的存放处，就能确保桌上不会变得杂乱不堪。

这个角落的氛围简直就像器物商店一般。平时使用的器物放在别处，这里收纳的是可以当作装饰品的餐具。除尘用的毛刷就挂在旁边，能够顺手快速地完成清扫工作，能让人感觉用心十足。

中川家摆放着有韵味的二手家具，舒服怡人的空气飘荡其间，一如她作为料理家做出的那些简单却让人放松的菜肴，让人感受到两者之间共通的氛围。"为了增添使用时的手感，更喜欢自然材质的东西。这种偏好将近二十年都未改变，因此单身生活时一点点添置的家具和旧用具多数还在使用着。"中川女士说道。正因为她的偏好始终如一，所以不会放置一些破坏空间品位的物品，杂乱的氛围也就不会产生。

"巨细靡遗的收纳会成为一种压力，确定好大致位置就行，要宽松地实行收纳。"这是中川流收纳法。既然家庭成员生活在一起，整理物品当然也与每一位息息相关。与其让中川女士自己很努力地确定了细枝末节，还不如像这样不制定细则，轻轻松松的，反而能让全家人都明白，并且没有丝毫勉强，能自然地持续下去。

用作收纳的家具、盒子、箱子等大多是二手物品，与新的收纳物品相比较，不免有些脱落或者松动，但这恰好与宽松式收纳步调一致。普通的收纳物品通常会给人无机物般冷冰冰的感觉，他们家的收纳用具却有着温润的质感和韵味，也是一大魅力。说到收纳，很容易让人极端地思考实用性的问题，而中川家让人意识到，只要心态放松地对待收纳问题，它就变得不那么严重了。

和式房间中将沙发和矮桌组合在一起，维持低水平位生活。木箱被当作电视机柜等做法，都将和式房间的长处善加利用，并使用了不规则的家具。为了不破坏这样的氛围，特意用布把电视机遮盖起来。

起居室

沙发边放置了一个竹筐，收纳女儿的家居服。在起居室确定好固定位置，防止东西散乱在外面，以及脱下的衣服随手乱放。

隔断起居室和餐厅的柱子上挂着餐巾纸盒。待在任何一个房间，要用的时候都很方便，也不用把餐巾纸盒拿来拿去。

电视机旁的竹篮放坐垫、信封信纸、笔记本和书，还有桌布等布料类物品。只是粗略地大致确定这里放置布、纸而已。

厨房本身太小，无法放置架子，因此把厨房隔壁的房间当作厨房的延伸部分使用。基本原则是开放式收纳，不将物品全部收进去。「就算沾上灰尘，洗一下就好，所以餐具大部分都摆放在外面。」

碗柜的抽屉里放置了厨房用布、杯垫等。因为不会塞得满满的，所以拿取、归放都很轻松。

自己设计好样式和尺寸，让丈夫亲手制作的架子。烤箱也放在这里。小抽屉用来存放银制餐具，两段式的便当盒则收纳了汤碗等小物件。

厨房

"之前是女儿的书架"，现在被用来放置餐具。不会对家具的用途进行设定，结合生活不断改变。小碟子叠放的话比较危险、也难于取放，因此竖立在竹筐里，集中放在架子上。

料理台里面，位于水槽上方的空间也不能浪费，常用的工具都挂在了墙上。

厨房内侧的墙壁则钉上铁钩，可以把竹筐挂在上面。挑选些令人回味的道具，可以为收纳空间添色加彩。

料理台下方摆放着两个附有把手的竹筐。大米、面粉、砂糖、豆子等有份量的食品便存放在此。

资料

与丈夫、中学三年级的女儿，三人共同生活。
四室一厅建筑年数 约 40 年
神奈川县

博客
tama2006.exblog.jp

走动时顺手归放和站立工作
能保证东西不会堆积

建筑家 & 生活家　清水梨保子

起居室 & 餐厅

孩子还小，因此在起居室一角设置了儿童空间。平日允许出现散乱的情况，但周末一定要进行整理。
宜家的桌子配上伊姆斯（Eames）的复刻椅，时尚靓丽。

起居室和餐厅的冰蓝色墙壁让人印象深刻。因为这是家人共同休憩的空间，壁龛中的装饰品顺其自然地选择了孩子的玩具。墙壁背面就是卧室，墙内的空间做成了壁橱。

架子上摆放的物品分成了内侧和外侧两层，靠近里面的那些是不经常使用的CD（上部左侧）。靠近手边的则是经常使用的DVD。用统一的盒子装起来，显得干净整洁。中间的分隔板使用的是泡沫板（发泡型苯乙烯护板）与架子内框的尺寸完全吻合，嵌入后用来切割空间。

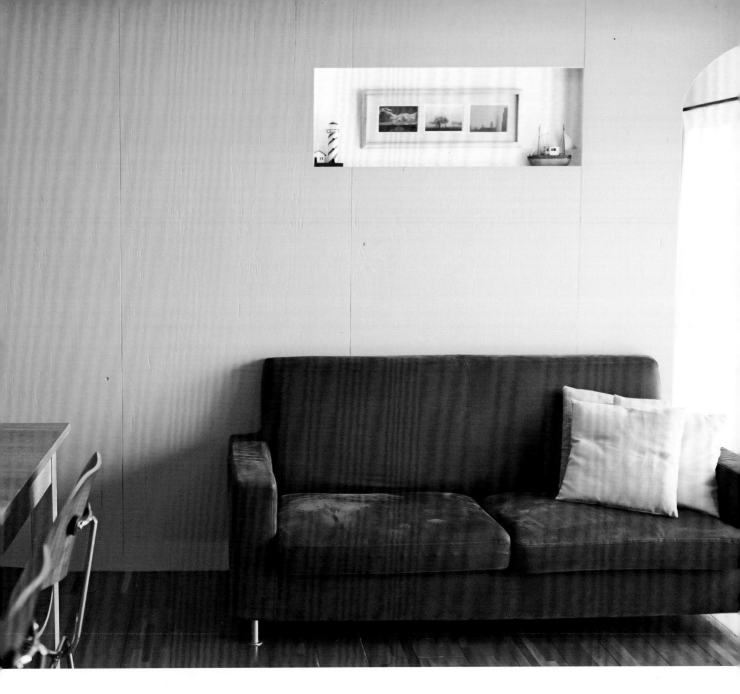

法则 1	在家中行走时不会两手空空，必然拿着东西"随手归放"。	清水女士并没有设定整理的特定时间段。在家中行走时，便会将散乱在各处的东西拿起，一点点进行整理。
法则 2	对凌乱的空间采取"障眼法战术"，将显眼处遮盖起来。	清水女士利用视觉对信息进行处理。因为可见之处变得凌乱会形成压力，所以将外包装用纸贴上，电线则用护墙板覆盖，以这类简单的方法维护。
法则 3	依据个人的性格和能力，提倡与家庭成员合拍的收纳法。	家庭成员各自的物品会依据各自觉得简便的方法进行收纳。例如衣物，儿子会用格子进行区分、丈夫则按照标签分类、清水女士则按照颜色摆放，因人而异。

23

宽幅的抽屉中恰好可以放置四排围巾，打开便能看到每种种类。在收纳空间有所局限的家中，物品和收纳用具之间的契合度非常重要。

孩子的作品零零散散，为了不让抽屉变得凌乱，便使用带有拉链的保存袋。保存袋也准备了各种规格大小，便于存放作品。

一次性筷子、吸管和孩子们做手工的材料。随着年龄的增长和孩子们兴趣的变化，物品也会随之改变，于是使用纸箱作为临时存放处。纸箱表面贴上彩色的手工折纸，看上去很可爱。

从祖母那获赠的和式抽屉柜被分成上下两部分，分别作为起居室的收纳柜和电视柜使用。有意识地将外文书水平叠放，让空间显得井井有条。最下面一层，则用来收纳花器。

身为建筑家同时也是生活家的清水女士，一家三口共同居住在 68 平方米的公寓中。自称恋物者的她，家中物品必然不少，却还是实现了一个清爽洁净的空间。"因为我成长在一个父母频繁转换工作地点的家庭，所以非常擅长整理东西。一旦眼睛可见的信息量过多，便会产生压力。就算得频繁地拿取、归放，我也要尽量将东西都收进橱柜里。"混杂的颜色和杂乱的电线都会让她觉得苦恼，甚至为了不让百叶窗的边缘暴露在外面而最终决定反向安装。只有那些不会对视觉造成干扰的东西才会放在外面，适度地呈现出生活感。

清水女士认为收纳也是个人能力的一种，让擅长的人来做就好。因为丈夫基本不参与，管理家事的清水女士自己便成了家中收纳的规范。但她并不会设定严格的细则要求大家遵守，在她看来"只要不影响日常生活就好"，因此有时家里的东西也会凌乱地摊在外面。"但是，我在家里走来走去的时候，不会两手空空。总是边走边拿起什么，顺手就将它们放回原处。另外，熨烫衣服或是叠衣服，都会站着完成，这样，衣物就不会在某个地方长时间堆放。因为我总是处于随时走动的状态，非常便于将东西放回原处，所以习惯就这样一个接一个地进行整理。"

吧台面板、橱柜门以及收纳用具都用白色加以统一的厨房。将橱柜或者抽屉确定为物品的收纳处，在使用时再拿取、归放。因为是这种开放式的厨房，显眼的洗涤剂和沥水架就放在了靠近墙壁的固定位置。

厨房

料理台兼备操作台的功用。熨烫衣服也是站在这里完成。下方就是收纳空间，在厨房的外侧便能开合，用来收纳熨斗很方便。

用卷帘将家用电器遮挡起来。可以利用冰箱一侧的死角，贴学校的行事历或放笔。

会把那些容易造成零乱感的包装盒易进入视线的上半部分，用纸贴上直到替换里面的日用品时再撕开。特别是容

餐具柜左右两侧各安装了三条金属制柜柱，柜子的进深足以分为两段。为了能够方便地拿取里侧的东西，下了一番功夫。与水槽等高的中间层是搅拌机和粉碎机的操作区域。

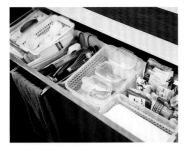

基本的调味料也全都收纳在水槽下方的抽屉里。总之，外面不会放置东西。厨房用纸取用时则利用抽屉的边缘进行切割。这是个好主意！

与起居室一墙之隔便是卧室兼工作区。抽屉柜里放置丈夫和孩子的衣服，上方白色纸盒放置拼图或游戏用具等。窗帘里面则是下图中的衣橱。

衣服采取"春夏－秋冬替换制"摆放。当季的衣物全都挂在杆子上。被褥则叠成与衣橱进深差不多的大小，竖着收纳。

上下衬恤、中裤等标签进行归类。仔细贴于收纳的丈夫，则是选用衣物收纳盒。左下：不善放在一起，大致用颜色加以区分。右下：用眼睛收集信息的清水女士，是儿子的抽屉，将衬衣与夹克衫服类别进行区分收纳。是在全空的盒子里设置区隔，按照衣法。同样是衣物，也会因人而异采取不同的收纳

梁柱下方的位置安装了吊柜。左下方的马桶刷，则是为了遮盖后面的插座特意找到的高一点的样式。

资料

与丈夫、七岁的儿子，三人共同生活。

一室一厅
建筑年数 43 年
东京都

网站
www.tres-architects.com

的空间就能分为两层放置物品了。这样一来，喷雾剂旁边与罐子同样高度吊橱里用泡沫板做了区隔，使用更方便。

盥洗室　　　　　　　　　　　　　　　玄关

与起居室相同的冰蓝色墙壁，格外清爽。墙上挂装的是宜家出品的进深较小的壁橱。洗脸用具、护发用品、基础化妆品等都收纳于此。右下方的软塑料盒子里放的是丈夫的家居服。

没有伞架和拖鞋架的玄关，让人感觉如此舒畅！伞和拖鞋全都收进了鞋柜。古董样式的吊灯则是在东京目黑区的 Moody's & junks 发现的。

将购于无印良品的篮子排列整齐用来收纳洗涤剂和洗涤用品。为了拿取方便，将放毛巾的篮子竖起来摆放。客人来的时候，将其横着遮挡起来。右手边就是浴室，因此在白色的抽屉柜里放置内衣。

清水女士的鞋码偏小，她的鞋子纵向放入鞋柜的话，还有很多剩余的空间。于是采取横着放两列的方法，有效地利用空间。可收纳的量一下子增加很多。带盖子的纸盒里放的是拖鞋。

为了使用方便，并不需要全都收起来

系统工程师　水上淳史

餐厅 & 厨房

朝向盥洗室的一边，将文件盒排列整齐，分别放入洗漱用品及洗涤剂等。内侧面向厨房，则用来放置垃圾袋。

收银小票及优惠券等看上去乱糟糟的东西，放入这个附有盖子的纸盒中。在钱包变鼓之前就将这些东西移至这里，有时间再统一处理。

用 12 个搁架单元排列组合成 "口" 字形，上面覆盖木板后，便兼具收纳与工作台的功能。朝向厨房、起居室、盥洗室这三个空间的单元格中，分别放入相应的必需品进行收纳。

与玄关相连处是每天进出的地方。放置了一台手推车，背包、钱包等都放在这里。之前是放在玄关的，但因为有很多东西要带进厨房，便移至此处。

放置在窗边工作区的备忘录。"不是单单放一件物品，而是好几个同样的物品排列整齐，这让我感觉很舒服""买来囤着的笔记本这样堆叠在一起，不需要特别设置收纳场所。"

法则 1　露出还是遮蔽？依据使用频率和外观改变收纳方式。

法则 2　一感到心烦意乱便立刻改善。

法则 3　对收纳用具进行统一化，与空间相融合。

经常使用并且外观漂亮的东西便放在外面，偶尔使用且不想示人的东西便收起来。用这两条收纳法，应对各种各样的物品。

每天一点小小的改动，可以变负为零。大致确定收纳的模式，感觉到不舒服或者有压力时便随时修整。并非从负数一跃成为正数，而是先成为零的状态，维持无需勉强的收纳法即可。

瓶子或者文件盒，即便里面没有任何东西，也会购买多个放置在一起。"如果只有一个的话，反而很显眼，多个并置，则会融入整个空间。"

朝向厨房的一面，上层放置餐具和厨具，下层则用来收纳食材。放入与单元格大小完全吻合的储物盒，代替了抽屉。

A4大小的文件盒里面正好可以装入面类、便携式瓦斯罐等稍长的东西。文件盒的宽幅正好可以用单手抓住，拿取放回都很方便。

水槽下方的空间利用缝隙储物柜存放物品，横过来正好可以嵌入。将保存干货的密封袋袋口朝外竖起来排列整齐，使用时更易于抽取。

厨房

经常使用的烹饪用具和餐具放在外面，便于取用。沥水篮中的餐具也不会每次都收起来，而是直接取用。放在面板上的锅子由 Staub 出品，在售卖多种餐具的 The Conran Shop 觅得。

走进水上家给人一种来朋友家的感觉，舒服惬意。那些收在柜子里的东西，以及居住者的生活风格，都让到访者感到亲切。这个家最大的特点就是橱柜的开放式收纳。这是与水上先生"少收纳、不整理"的理想生活态度最合适的方法。"即便非常努力做好收纳，东西还是会立刻就散乱四处。因此，只要保持这种放在外面的积极状态便可，使用起来也很方便，不是吗？对此，开放式的柜子可以说恰如其分。"

相反，看不到的橱柜里面，其实通常是"塞满"和"杂乱"的状态。究竟两者之间的分界线在哪里呢？"应该是打开橱门的时候会不会觉得'心烦意乱'吧。"将多种物品放入冰箱后，打开时会觉得心烦气躁，于是便用同样的储物盒统一存放。抽屉里面如果只存放一种物品，打开时便不会因杂乱感到心烦，因此抽屉里可以这样放置物品。无论如何，这都取决于进入视野的信息量的多少。

拍摄时，每打开一扇橱门，水上先生便会害羞地说："真的没有在努力做收纳哦。""我并没有以一百分满分作为目标。对我来说，八十分就足够了，也就是将东西放回原位而已。还有就是将盖子好好盖上，将储物盒什么的排列整齐就行。剩下来的二十分，就算了吧。只要每天的生活不会因此感到有压力就 OK 了。"

窗边的植物区能让人保持好心情。将运送苹果的木箱改造成了收纳空间，上面放了手提箱式的盒子，里面都是种了多肉植物的迷你花盆。这样一来，不仅看上去美观大方，而且不用一个个收拾，省去了不少麻烦，打扫起来也很轻松。

用运送苹果的木箱堆叠起来作为收纳空间。上下两个箱子的开口方向有所区别。可以从两个方向拿取箱内的物品。里面放的是照料植物和鹦鹉的必需品。

起居室

起居室里的宠物区和工作区。左手边的窗外是晾晒衣物的地方，为了更方便，在架子上放置了洗衣用品。窗户下方的篮筐则用来放置收进来的衣物。

太平洋家具服务（Pacific Furniture Service）出品的工具盒中收纳了洗衣用的夹子等。"这种工具盒可以纵向或横向增加延伸，非常喜欢。"

美观的麻袋其实收纳力超群。里面放的是蓬松的宠物垫子和宠物食品。

考虑到动线的问题，将手帕放置于玄关处，外出时可以顺手放入包内。为了在打开盖子的那个瞬间有好心情，所有的手帕都仔细叠好排列整齐。

容易沾泥的足球和长靴一并放入这种装蔬菜的箱子，玄关处放置。不容易脏而且能易于清扫。

玄关

鞋子、帽子、太阳眼镜、钥匙等带出门或随身携带的物品都统一归置在玄关处。用长款的 S 形铁钩将背包等挂在墙上，彼此不会重叠在一起，也是一个巧心思。

盥洗室

洗漱用品有很多包装太过抢眼，因此不会直接放在架子上，而是先放入储物盒中再归置到架子上。上层还收纳了内衣裤，洗完澡后换衣服很方便。

为了保持清爽的观感，护发用品都放入篮筐里，一并放上架子。"每天就早上用一次，这样拿上拿下并不会觉得讨厌。"

三个并排的瓶子里装的是洗衣液，正在使用的是其中一瓶。"多个物品排列后，物品本身的个性便会消失，融入整个空间。"

资料

夫妇二人共同生活。
一室一厅
建筑年数 26 年
东京都

网络商店
botanicalroom.stores.jp

用泰迪熊装饰的橘色箱子里装的是旧笔记本电脑，很少会用的打印机和感光纸。飘窗被当作装饰区域，在无印良品购入的壁橱自然的被使用着。

卧室

用运送苹果的木箱排列而成的收纳空间。由里而外，分别是垃圾桶、充电器、书、床铺清洁器，靠近手边的纸袋则是用来存放要拿去洗衣店清洗的衣物。

淳史先生的衣橱。经常穿的白衬衫挂在中间，首先映入眼帘。抽屉柜的收纳则规定是一种衣服一个盒子。

医用的药瓶被当作棉花棒、眼药水和指甲剪的收纳用具。「睡觉前或者起床后比较常会用到这些东西，因此床头是最佳位置。」

抽屉里面的整齐度并没有太过在意，袜子就这样随意放入。夫妇俩叠袜子的方式不同，袜子的形状也各式各样，不过"好好地收起来最重要"。

正在准备泡茶的川原女士。平时厨房面板上就几乎没有任何东西，她整理结束后，甚至连这个沥水盘都看不见了。

希望物品全都收到橱柜中，所以精挑细选、控制数量

主妇　川原惠

法则 1　在脑中清晰描画出自己追求的景象。

法则 2　哪怕是必需品，在遇到真正喜欢的样式之前也不要购买。

法则 3　为了能够在整理时凭直觉行动，事先就要设想好相应的收纳法。

尽管时尚咖啡馆那种宽敞豪放的空间也不错，但相较之下自己还是更喜欢酒店那种简单的空间。要认准一个方向努力，不要动摇。

只要对想要追求的生活有了清晰的概念，挑选物品时就会渐渐不再迷茫。沙发固然是必需的，但因为尚未遇见特别合适的样式，到现在也没添置。

与其按照用途分类，不如按照材质对物品进行分类，比如木头、纸类、玻璃、布料等等。"凭直觉很容易便能完成整理工作，不仅自己，连丈夫也能一目了然。"

餐厅 & 厨房

厨房靠墙位置的橱柜打开时的样子。用特百惠（Tupperware）的保鲜盒储存食品。最上层并不一定要使用，任由它空着便好。

川原女士没有添置微波炉，而是使用蒸笼。因为想要让它充分干燥，所以放在换气扇上方晾着。这是唯一经常放在外面的物品。

厨房吧台靠近餐厅的一侧，制作了与桌子高度相吻合的抽屉。文具、餐巾纸、杯垫等都可以收纳其中。因此餐桌上总是保持干净清爽。抽屉里也只放必要的东西，不会塞得满满当当。

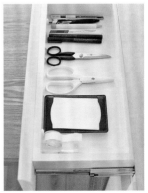

厨房

上：保存容器是野田珐琅的器物，可以叠放，看上去干净清爽，还能节省空间。中·下：无印良品的抽屉组合上用装饰胶带做成标签。厨房用纸和密封袋都会从原包装中取出放入抽屉。

燃气灶旁边的抽屉架是放置调味料的固定位置。计时器也放在这里。铸铁小锅恰好用来放盐。"能够这样每天使用几乎没什么特定用途却十分喜欢的小物件，心情也会变得愉快起来。"

厨房另一边，靠近餐厅桌子的一侧定制成收纳空间。柜门关闭时，就像一面白墙，整洁干净。右侧主要放置餐具。Teema出品的餐具适合盛装各种料理，还能漂亮地整齐叠放，非常喜欢。

烹饪时，会将带盖的小垃圾箱放在水槽旁。这样一来，就不需要水槽里常用的三角形边角垃圾筐了。不用时，收进水槽下方的架子即可。

沥水篮、海绵、洗涤剂都是在使用时拿出来，用完后放入水槽下方的简易架子上。为了拿取方便，特意选择轻质的沥水篮。

川原女士住的是集体住宅改造之后的房子。她让人赞叹的地方是将"简单"保持到了恰到好处的程度。"拥有大量物品会让我无所适从，物品都放在外面的状态也会让我无法安心。"因此，"开放式收纳"对她完全不适用，她会把持有的物品全部收进漂亮的橱柜中。"将东西收进橱柜"的方法，会让整理的难度提高一档。如果采取开放收纳，只需要将东西归放回原处便可。"将东西收进橱柜"就必然要增加打开橱门这个步骤，也相应地增加了麻烦，更容易造成东西散

乱在外的状况。但是，川原女士不仅对持有物品精挑细选，还对每件物品都规定了固定的收纳场所，反而让整理变得容易。另外，如果东西塞得过多，打开柜门就必须要创造一个整理物品的空间，因此只要让物品保持少量，就没关系。只要归放到固定的场所，所花费的工夫就是最少的。

"最近，好像物品会对我说'喂喂，已经不需要了吧？'一样，提示我处理的时机呢。"川原女士笑着说道。已经不需要的物品会在适当的时机放手，也许这正是仅持有必要的物品才能达到的境界吧。但是，像这样非常有意识地控制限定物品的数量，其实与轻松整理、保持清爽舒畅的空间紧密连接在一起。

架子左下方的一层专门存放纸袋。厨房用布、垃圾袋则放入储物盒分类收纳。

起居室的氛围非常闲适惬意，但因为始终没能找到心仪的沙发，就一直没有添置。起居室的柜子是父母赠送的，直接从家里搬来。柜子上方的墙壁上不做任何装饰，享受「无」之美。

起居室

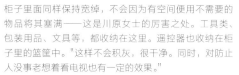

柜子里面同样保持宽绰，不会因为有空间便用不需要的物品将其塞满——这是川原女士的厉害之处。工具类、包装用品、文具等，都收纳在这里。遥控器也收纳在柜子里的篮筐中。"这样不会积灰，很干净。同时，对防止人没事老想着看电视也有一定的效果。"

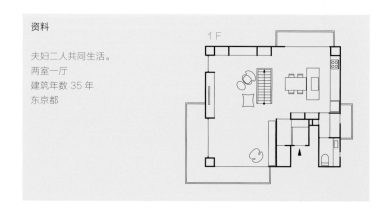

资料

夫妇二人共同生活。
两室一厅
建筑年数 35 年
东京都

1 F

对空间进行改造时，始终追求的是鲜花映衬的空间。这个愿望，也成了维持清爽空间的动力。

打开电视机下方的柜子，会看见摆放的装饰物件。只有在圣诞节期间才会拿出来做装饰，平时就一直放在这里。「开关柜门时，总是能看到这些可爱的小杂货，感觉很满足。」下层抽屉里则都是电线类物品。

电视机周围也是恰到好处外的干净清爽。书籍都放入橱柜里，柜子上面用花或者小小的杂货做装饰，与墙壁的白色相陪衬。

"尽管很憧憬那种整齐排列着书籍的空间，但是我家的书并非都是很漂亮的书，所以还是收在里面比较轻松。"左边是丈夫的书，右边是妻子的书，按照所有者分别收纳。

报纸则放置在柜子里的固定位置。早报、晚报、周刊、已阅读的报纸，以及传单等都有确定的空间放置。正是这些容易散乱在外面的东西，才需要结合家庭成员的要求考虑适当的收纳法。

TRUCK 出品的架子其实是夫妇
俩结婚前各自使用的物件，也带到
了新家。最上层的皮革医生包里收
纳了打扫用具。

善用抽屉，物品收纳一目了然

设计师　宇和川惠美子

法则 1　善用抽屉，物品收纳一目了然。

法则 2　收纳用具在设计上保持统一，实行"用完就放回原位"的做法。

法则 3　不追求极致的整齐，即便抽屉里有些杂乱，只要自己能接受就 OK。

使用可以一眼看清内容物的抽屉，对物品的种类和数量进行把握，会让拿取、归放以及库存管理都相对变得便捷，也不容易出现永久库存品，能很好地控制物品的数量。

"厨房的调味料瓶等，都用同样的瓶子统一起来，会有种整理的成就感。"少了一个就会显得不整齐，因此便会时刻注意归回原位。

"并不喜欢非常严格、做到极致的整齐划一，有些零乱还是能接受的。""到这样为止还行"，自己心中掌握好尺度是最关键的。

餐厅

专门在架子的一角为不爱整理的丈夫设置了专用空间，在这里收纳了那些他不经意便会放在餐桌上的东西，比如钱包里的物品、随身携带的东西等。

厨房吧台下方排列着文件盒，收纳的是家用电器的说明书。为了能够随时确认清洁和拆解的做法，所以选择放在手边。

与信封大小恰好吻合的铁皮盒子来存放邮件等。"收到后便放进盒子就不会老堆在桌子上了。""有时间，再进行检查处理。"

药品则按照口服药、肌肉疼痛的外敷药、蚊虫叮咬的药膏等分门别类，放入 TRUCK 的抽屉中。"大致分类后放入抽屉，里面就算有点杂乱也 OK。"

厨房里，物品的颜色集中在白色、黑色和银色的范围内，防止颜色过于泛滥。调味料都放在开放型架子上，烹饪的时候再取下来。「统一使用同一种容器是关键。少了一个就会觉得有些「杂乱」，会自然地想要恢复原样。」

餐具叠放收纳时，为了让最下层的餐具可见，还是需要费点心思。"不会按照规格大小分别叠放，而是按照从大到小的顺序，由下而上叠放起来。"

左：水槽下方收纳的是频繁使用的银制餐具和厨房用具。按照用途和种类大致区分进行收纳，不会特别在意摆放的方向或顺序。右：燃气灶下方收纳的是食材。在有一定高度的抽屉里，尽量将物品竖着摆放，这样从上方望下去，便能清楚进行区分。

左：毛巾架太过显眼，因此选择不用毛巾架，而把抹布、橡胶手套等隐蔽地挂在抽屉的把手上。右：洗涤剂、橡胶手套等不想放在外面的一直放在水槽中的固定位置。像这样将洗涤剂和铁丝筐一整个放在水槽中，便从视线中消失了。

厨房

水槽旁边常备的是护手霜。选择外观可爱的物品，就可以直接放在外面。

电视机柜、抽屉柜、单人椅都是从颇具人气的家居品牌店TRUCK购入的。因为经常会邀请朋友来家中作客，起居室里除了书以外尽量不放置别的物品。

起居室

在起居室的角落里放置书本。杂志就直接放置在地板上，堆成阶梯状。堆到一定高度时，便会重新检查并处理一部分。角落里的橱柜是为了存放书籍而订制的，承重力做到万无一失。

宇和川女士是时尚品牌 Grandma Mama Daughter 的设计师。我们到访的这套自家住宅，尽管东西很多，却给人整齐干净的印象，她对房间的管理无微不至，不放过任何角落。

"若能对自己拥有的物品悉数掌握，心情就会很舒畅。我们家是绝对的'抽屉派'，抽屉深处的东西也能一目了然，想要的东西马上就能看到。餐具和书等东西都存放在抽屉，而不是橱柜里。"不仅是抽屉深处，放在抽屉底部的东西也能看得清清楚楚。将东西叠放时，会按照从大到小的顺序，向上叠放。在抽屉里，东西都看得见便意味着能够掌握物品的数量和状态，因此基本没有过期或者闲置的，存放的都是正在使用的东西。而且因为这些东西会经常用到，需要从抽屉里拿进拿出，所以抽屉里通风良好，总觉得很清爽。

对于整理，一家人都认真遵守"用完就放回原位"的基本规则。放回原位后，便无需太过在意整理的问题。像现在这样清爽的做法，便是维持空间整体美观的秘诀。

"依据种类或用途，将同一'集团'的东西归置在一起，即便有些杂乱也没关系。老实说，自己并不喜欢那种按照顺序排列、以颜色进行区分，或者将物品某端整齐归置等等非常极致的做法。即便有些散乱，只要自己能清晰地区分，是自己能够接受的程度就好。整理是每天都要做的事情，所以稍微放轻松点也未尝不可吧。"

回家后便将结婚戒指等饰物摘下，开始做家务。为了防止遗失，特别准备了专门的玻璃器皿进行收纳，洗面台上也显得很清爽。

盥洗室

化妆的时候，这个放置化妆用品的抽屉就打开着，从里面拿取使用，用完后也不会放在洗面台上而是直接放回抽屉，这样便不会散乱各处。

有着宽敞洗面台的盥洗室让人觉得心情舒畅。洗面台的抽屉里放置了洁面用品、化妆用品以及护发用品。照片中未能全部显示出来，左手边的角落处是收纳洗衣液的柜子。

这个进深较大的柜子分为里侧和外侧来使用，手很难够着的里侧放置一些囤积的备用品，外侧则放置正在使用的东西，拿取更方便。

资料

夫妇二人共同生活。
两室一厅 + 衣帽间
建筑年数 15 年
京都府

博客
kato-aaa.jp

丈夫的衣橱里，上层吊挂上装，下层存放下装。上装按照春夏、秋冬的季节进行区分后再按照颜色大致排列。

将一间独立房间改造成衣帽间，宜家的收纳组件排列整齐，左右分别为丈夫和妻子的衣橱。

上：丈夫的衬衫全都叠好，堆放在抽屉里侧。"因为不太擅长熨烫衣服，所以叠衬衫的时候会稍微叠得大块一些，防止褶皱出现。"下：靠近身边多出来的空间也丝毫不浪费，针织衫和T恤衫立着存放，开衫则横过来摆放。

衣帽间

为了能够一下看到所有皮带，使用了附有隔板的抽屉。只需将皮带卷起，放入格子里便会自行撑开，要恢复原状也很简单。

夏天穿的凉鞋和正式场合穿的皮鞋等不太有机会穿的鞋子放在鞋盒中很容易被遗忘。为了减少打开盖子进行确认的麻烦步骤，就用便签纸做标签贴在鞋盒上。

收纳首饰、帽子等时尚小物的角落。柜子上放的是草帽等当季物品。

无法丢弃的衣服，存放三年再确认

每年分别在春季和秋季将衣柜中的衣服全部取出进行换季整理，并判断是否需要。如果无法当即作出判断——既不舍得扔掉又没有想要穿，处于"灰色地带"，便会放在盒子里留待观察。三年过后，还没有机会穿便处理掉。盒子购于京都的 IREMONYA，夫妇俩各自拥有一个。

将工作室安排在了家中。为了与生活空间有所区分，只有这里采用了白色地板。在工作台的横档上铺了木板，放上篮筐和小抽屉柜排列整齐，用于收纳零散小物。

用杂货进行装饰一般展示生活用品

原创家具制作·销售　萩原清美

法则 1　物品的归置讲究适材适所，彻底施行"使用后放回原位"的原则。

法则 2　是家庭全员共用的物品还是个人使用的物品——根据使用者及物品的特点制定收纳方法。

法则 3　不想破坏空间整体氛围，因此连收纳用具也不能大意。

"想要顺其自然地遵守'使用后放回原位'的规则，物品的归置的合理性最为重要。"观察家庭成员的行为模式，在使用场所的附近收纳相应的物品。

家庭共有的东西，优先摆放在拿取方便的地方。"但是，我个人使用的东西会格外重视外观。尽管多少有些麻烦，但与这些物品有了情感上的维系，就会进行整理。"

要避免选用"一看就是收纳用具"式的东西，而应选择与室内风格相映衬的容器进行收纳。即便市面上没有销售，也应该用 DIY 的方式保持空间的统一感。

工作室

柜子中的物品只是稍显松散地放置着就能给人有条不紊的印象。零散的手工艺品和零部件等都放进篮筐及木盒中。这个小角落让人理解了留白的重要性。

碎乱的蕾丝和毛皮等料子放入带盖子的竹筐中收纳。竹筐是百元店买的，自己用油性上色剂涂过后，变得更有韵味了。

儿子小时候常玩的木头玩具的盒子被活用为收纳盒。盖子是滑动式的，使用的时候将画着图的这一面推进去即可。

正在制作中的皮革手工品，为了能够随时继续工作，将工具和材料配套放在一起。将金属网格在火上炙烤以去除光泽感，再组合拼装成这样的收纳件，很有时尚感。

起居室

桌子是自己亲手制作的，事先确保了笔记本电脑的收纳空间，就不会一直放在桌面上了。

起居室需要使用的东西都收在墙面搁板和电脑桌上。桌子里收纳的杂志则一律将书脊朝内，以防过多显露颜色。沙发对面是电视机，遥控器和音响用品则放在电视柜里面。

仔细观察家人坐在沙发上时会做些什么，比如剪指甲、滴眼药水等。再把这些物品配套放置在伸手可及的地方。带盖子的迷你竹篮两个排列放置，显得很可爱。

因为会在沙发上做简单的针线活，所以缝纫用品放在这个位置比较方便。黑色铝质饭盒很帅气，是之前野营时经常用的东西。

将素烧的陶器涂成白色。大头针、纸胶带等没有固定收纳场所的东西都会放在这里。这样的小东西，往往是房间杂乱的原因。

熨烫衣物的空间安排在沙发前。在竹编包内收纳了熨斗和垫子，在沙发一侧的墙上挂着。这样一来准备工作和收尾整理都能非常迅速地完成。

萩原女士以网络商店的经营模式售卖自己亲手制作的家具。在夫妇二人自行改造的家居空间里，粉刷的墙面与木制家具相互映衬，就像是画廊一般。成功营造这个静谧空间的秘密之一便是控制物品的数量。

"比如说，雨伞限于一人一把，只要保持最低量就好。囤积食品也同样如此，速溶咖啡粉一瓶、色拉油一瓶，仅此而已。物品增加的话，不仅需要相应的空间，管理也会变得麻烦。我可生来就是个懒人。"

为了养成"用完后收回去"的习惯，东西都尽量放在使用场景附近。在照片中，几乎看不到生活用品的存在，但实际上，房间各处都放着

玻璃陈列柜中，以装饰的方式收纳着名家制作的器物。只要是喜爱之物就不会收起来，看到它们生活也变得愉快多了。柜脚是自己制作安装上去的，这样一来地板也显得清爽很多。

架子上放着竹筐、小抽屉柜和工具盒，用于收纳文具用品和纸张等。看上去容易显得杂乱的各种物品不可直接放置在外，这也是一条规则。之前，就连文件夹也被放在架子下层的竹筐里。

餐厅

陈列柜上方放置的是脱下隐形眼镜后要戴的眼镜。盛放物件是自己用油性上色剂给普通木托盘重新上色，再铺上一张英文报纸做成的。

篮子里面放着报纸和纸巾盒。让餐桌始终保持干净清爽的秘密就在于此。

不用的竹编包正好用来将路由器隐藏起来。「包的深度刚刚好，完美地让路由器隐身其中。」提手的带子翻入内侧，显得很清爽。

日常用品。尽管没有使用所谓的收纳用具，但那些竹筐、木盒、陶器都是与室内装饰相融合且用作收纳的容器。像使用杂货一般将它们装饰在空间里，减少了日常生活的气息，空间变得更为清爽。照片是完成后的状态，其实在摆设这些杂货的时候还是碰到过烦恼，只能通过增加、减少物品，或者替换来不断尝试各种做法。

"如果把东西全都收在柜子里，确实显得清爽，但那样就太无聊了。物品虽然都摆在外面，但也能通过整理变得清爽。对于现在的我而言，那一点点的生活感可以说是恰到好处。"

架子上的小抽屉柜存放着全家人使用的文具用品，还有网络商店使用的票据等，在餐桌上工作时所使用的东西也都收纳在内。

厨房同样使用白色和木头的组合打造简单的空间。为了配合这样的空间，将原本是银色的冰箱涂成了白色。厨房用具和清扫工具等日常使用的物品，则悬挂在墙面和抽油烟机下方。

在水槽旁的墙壁上安装了格子木架，用来收纳酱油瓶和咖啡滤杯等。一个格子只放一件物品，同时放入鲜花和杂货等进行装饰，变身为漂亮时尚的角落。右侧照片中的铁罐也存放在这里。

平时使用的餐具就放在开放式橱柜中。数量少的话，可以放得松散一些，这样拿取归放一点压力都没有。

营养药品放在铁罐中，剪下外包装放在罐底，就不会弄错了。罐子放在水槽旁的架子里，准备水、吃药也很方便，正可谓适材适所。

厨房

纪念品等想要保存起来的餐具，则与日常使用的餐具相区分，放在抽屉里。相较于拿取时的便利度，数量是优先考量的因素。

柜门内侧的刀架上凿了洞眼，变为烹饪用筷的固定收纳位置。这样可以避免无意识地摆在外面。

这是从餐厅望过去的景象。右边的黑板是工作的联络板，订单、出货、材料和工具的购物清单等都写在上面。这也是自己亲手制作的，在普通木板上涂上一层黑板涂料。

资料

与丈夫、二十一岁的儿子，三人共同生活。
三室一厅
建筑年数 20 年
大阪府

网络商店
naturalcafe.yukihotaru.com

超市塑料袋的数量控制在小抽屉能够放下的范围。购物后回到家已经养成习惯，第一件事便是将其折好，放入抽屉。

书中果然灵感多多

随着数码化的不断发展，书本成为了提升动力的物品之一。
上："集合了国外众多狭小空间案例的设计书，看了这些书，在小空间中生活的我获得了不少灵感，也有了勇气。"（P110~ Saito 家）下："很喜欢看这些关于生活的书。与其说模仿书中的做法，更多是从中获得一些启发。"（P34~ 川原家）

让收纳 & 整理
干劲十足的动力

即便是那些打造出漂亮空间的人，
也会时常对收纳和整理感到头疼。
请告知我们保持干劲的动力。

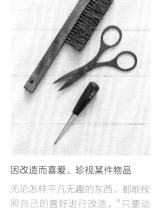

因改造而喜爱、珍视某件物品

无论怎样平凡无趣的东西，都能按照自己的喜好进行改造。"只要动手打造，便会对这件物品产生感情，从而无法弃之不顾。"剪刀在火上炙烤消除光泽感，刷子用油性上色剂改变韵味，锥子则用亚克力颜料改变颜色。（P46~ 萩原家）

浏览 "Room Clip" 提升干劲

"Room Clip" 是一个社交服务网站，可以上传室内设计的照片、互相交流，从中获得激励的人不断增多。上："就这样，一下子喜欢上具有'男人味'的空间设计，收纳方法也改变了。"（P116~ 泊女士）下："喜欢带些生活感、现实感的收纳法。"这么说着的内藤先生浏览着收纳栏目，进入了整理模式。（P117~ 内藤）

鸵鸟毛做成的掸子，让最讨厌的打扫也变得愉快

开放式收纳最让人头疼的是灰尘。用了这款 Redecker 出品的鸵鸟毛掸子，打扫卫生的干劲就来了。"鸵鸟毛掸子像指挥棒一般被挥动，这怎么会不开心呢！"（P28~水上家）

为了映衬鲜花和喜爱的器物而保持清爽

在吧台放置鲜花，或者在餐具柜中放一盆喜欢的小盆栽进行装饰，让它们变为独自一人时人陶醉的细节。只要它们进入视野，就会自然想到"尽量不把东西放在外面，要保持清爽！"（P78~tweet家）

Part 2

OURHOME Emi 和本多纱织作为人气博主、收纳专家，不断有著作得到出版发行。家庭构成和居住空间的完全不同的两位同时受人喜欢的秘密，依然是她们从各自生活中孕育出的独特规则，那是令人瞩目的专家的视角。

收纳专家的
收纳 & 整理

Emi 经营的博客广受好评。她会在博客中介绍让日常生活舒适愉快的创意，分享家宅的状态和自己每天思考的问题。2013 年初付梓的著作《OURHOME——和孩子一起的清爽生活》，也转眼间就增印，成为热销书。同时，她本身就以整理收纳顾问的身份活动着。当然，她在自己家里，还在与家人共同摸索适合自身的收纳和整理方法，不断进行改良，营造完美的生活。

Emi 家的格局是三室一厅，是一幢较新的公寓。与五岁的双胞胎儿子和丈夫，一家四口共同生活。以"家庭成员全都保持心情愉快"为目标的 Emi 采用了简单、现代的室内设计，这种风格无论男女都易于接受。白色、黑色、灰色、茶色等作为基调，尽量减少家中的物品，也不会极尽所能地摆放装饰品，平衡感良好是这个空间的一大魅力。关于收纳和整理，"Emi 流"的要点是合理进行、不做无用功，也无需太过努力。我们从下页开始介绍她的各项规则，她处理收纳与室内装饰一样，遵从着"家庭成员全体使用便捷、舒心度日"这一宗旨，形成了自己的收纳法。

Emi

曾在大型邮购公司工作，辞职后成为自由职业者，获得整理收纳顾问一级资格。在杂志中的连载、讲座活动等都非常受欢迎。最近的著作包括《孩子的照片整理术》（Wani Books 出版）。
ourhome305.exblog.jp

整理收纳顾问 OURHOME Emi 的
收纳 & 整理十法则

"目标是家庭成员全体使用方便、
'不觉得麻烦'的收纳"

左：不盲目追随潮流，选择符合自
己喜好的物品进行装饰。左上：将
矮桌作为餐桌，选择更为接近地面
的生活。右上：毗邻起居室的房间
作为孩子的空间使用。将孩子的物
品全都集中在一个地方，就不容易
散乱到房间各处。右：以灰色、黑
色为基调的室内设计，散发着中性
的时尚气息。

一边听取孩子们的意见，一边确定收纳方法。这时的Emi简直像是在做咨询一般。

与家庭成员一起商量着确定收纳方法是Emi的习惯。与丈夫讨论不必多说，就连孩子她也会问"这个玩具收在哪里比较好呢""盒子里已经装满玩具了，怎么办呢"等等，一定会听取孩子的意见。"按照自己的想法确定或擅自改变收纳方法，家庭成员不一定会跟着一起做。这样就变成自我满足式的收纳了。"Emi说道。如果家庭成员无法跟着一起做收

法则 1

与家庭成员共同确定收纳法则

纳，就意味着除了自己，其他人都不会好好做整理工作，结果就变成自己一个人收拾房间，这会成为形成压力的原因之一。

例如，最近Emi家就重新考虑了洗面台周围的收纳。不久前开始，换洗衣物就不再好好地放进洗衣篮里了，经常散落在外。于是便问丈夫："这究竟是怎么回事呢？"丈夫的回答是"洗衣篮的开口太小，衣服很难放进去"。于是换成了开口更大的洗衣篮。这样

与丈夫商量后，洗衣篮换成了开口较大的收纳用具，这样一来衣物就不会散落在外面了。

一来，情况便得到了改善。也就是说，与其让家里人在脑中牢记要把衣服好好放入洗衣篮，不如听听他们的意见，找到原因进行改善。这样的事例积少成多，一家人都能好好参与的整理收纳方法便渐渐形成了。

为了家人努力思考出的收纳方法，若无法与家人的行为合拍，大家便无法好好参与，那就本末倒置了。要说为何采用现在这种收纳方法，还是因为如果家人无法理解，丈夫和孩子们在不明白个中道理的情况下，就很难坚持做下去。如果希望家里人一起整理收拾，那首先应该听取他们的意见，从这个出发点开始尝试也许才是正确答案吧。

法则 2

从确定房间功用开始思考收纳

"去顾客家拜访时发现，很多人对房间的功用理解得很模糊。结果，应该放在一个房间里的物品却四散在各个房间。"Emi说道。例如，衣服都收在卧室的衣橱内，而收不进去的便随意放进有剩余空间的房间里，导致卧室和空着的房间都有衣服，要找衣服的时候便会搞不清楚究竟放在哪个房间了。玩具也是同样的情况。本来起居室的各种角落就都设有玩具的收纳处，

卧室。这个房间的橱柜里没有收纳任何衣物，而是季节性家电、高尔夫球包等物品的存放地。

衣帽间。丈夫、自己、孩子们的衣服全都收在这里。集中在一个房间，洗完衣服整理时也很轻松。

如果隔壁的日式房间再设收纳处的话，如何进行区分就会渐渐模糊不清，无论是要拿出来玩，还是玩毕收拾，都会变成非常头疼的事情。

为了防止这种情况出现，Emi 首先明确每个房间的功用。三室一厅的三个独立房间分别确定为衣帽间、卧室和儿童房。"确定了各个房间的功用，东西就不会散乱各处了。衣服放在那里，玩具收在这里，大家都会明白'一定在那个地方'，找东西的时候也方便很多。"这一点与法则五"划定界限"也有一定关联，重要的是一开始就立好大致的框架。搬家是个大好契机，或者想要重新规划收纳的时候，首先要做的就是明确每个房间的功用。在 Emi 看来，从这里开始是一条捷径。

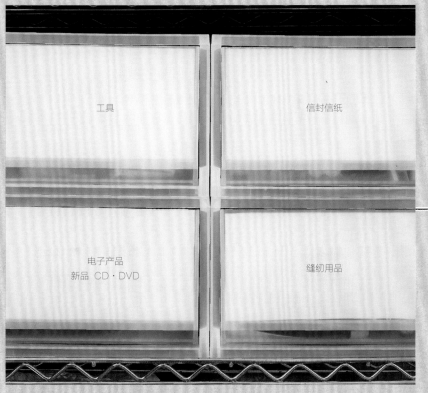

工具

信封信纸

电子产品
新品 CD·DVD

缝纫用品

大件的开放式架子中放置了抽屉盒，实行一个类别对应一个盒子的收纳方法。每个盒子上都贴有标签，对抽屉里的东西做到心中有数。

法则 3

"一个类别对应一个盒子"是基本原则

Emi 作为整理收纳顾问进行着各种活动，但她本人却自认并非认真勤恳的性格。她考虑的始终是尽可能让整理变得轻松、能够持续下去，得出的结论便是"一个类别对应一个盒子"的收纳法。简单来说，便是将想要收纳的东西进行分类，再各自配以对应的盒子（抽屉、文件盒都可以）。只要把东西都放进那个盒子就好。

缝纫用品的盒子。里面的东西并没有清晰地进行分类，只有频繁使用的橡胶穿线棒被黏在抽屉的内壁上。

例如，起居室收纳了工具、缝纫用品、信封信纸等，按照自己和家人容易理解的分类放在各个盒子里（这里用的是无印良品的抽屉组件）。厨房则按照茶叶、零食、超市塑胶袋进行分类收纳，洗面台存放的是睡衣、袜子、洗衣网兜等。总的来说，就是以易懂为前提进行大的分类，即便盒子里面还有多余的空间，也不要将其他类别的东西混杂放入，这是关键点。"我并不擅长将盒子里面的东西进一步打理得整齐干净，也不会要求自己那么做。内衣之类的物品，只要放进盒子里就行了。"Emi 说道。总而言之，就是一个一个放进盒子里就 OK 了。这样，整理时很简单，突然要拿东西时，也只要在这个盒子里找就行了，一下子轻松很多。

那些形状各异的东西，只要放进这些形状统一的盒子里，就会显得清爽整洁，这也是一大优点。因此，个人非常推荐采用同一系列的盒子对空间进行统一。

"我们家基本上使用无洗米，有时也会收到老家寄来的普通白米。将米放入容器的是我，那么就只有我明白哪个容器装的是什么米，这样的话，丈夫因为不清楚就渐渐不会动手帮忙了。所以会在存米盒上贴了颜色不同的标签并写上字，让他能够看一眼就明白。"

如果不想让自己成为家中唯一会整理收拾的人，那么利用标签则显得尤为重要。丈夫或者孩子经常会问"那个在哪里""那个××找不到了"等等，如果要一一应对，就会无谓地浪费时间和精力。为了减少这种麻烦，Emi 采取的方法是贴上家人都能明白的标签。用细小的字或英文做成的标签，看上去或许挺漂亮，但是即便自己能够清晰地辨识，

法则 4

让家人意识到标签

玩具盒里收纳的东西会事先拍下照片，贴在盒子外面。不识字的孩子们看图片也能明白，整理起来容易得多。

对于全家人而言，还是有些不足，不太容易辨识。"制作那些家人可能看不懂的标签，结果还是会变成什么都得自己来。为了让接下来的生活变得稍微轻松一些，哪怕有些麻烦，也要努力贴上标签，并向家人传达，让他们意识到标签的存在。"因此，不能用英语，而要用简单的日语并且尽量用看得清楚的大号字体。另外，与孩子们有关的物品，要采用更易懂的标记或者照片来代替文字标签。

这样处理以后，收纳便一目了然，大家都能明白。因此丈夫和孩子们自然会知道物品的收纳场所，必要的时候他们也可以自己拿取物品。"父母来的时候，一看就明白物品的摆放之处，马上就可以动手帮忙。和小朋友一起玩耍后，别的小朋友也能一起帮忙收拾玩具。妈妈的朋友们来的时候，也不会显得客气生硬。"

法则 5

收纳时必须设定
上限，确立界限

对 Emi 而言，对物品严格挑选，控制物品的持有量，也是保持良好收纳状态的必要条件。物品不断增加，超出了用于收纳的盒子或者架子的"界限"，就很难维持使用的便捷性。为了存放一些不用的东西，却让必要的东西拿取、使用不便，收纳就变得毫无意义了。因此，自己会依据收纳用具的界限，对持有物的数量设定上限。

最容易让人明白的例子是 Emi 花了很大力气做的孩子们的照片收纳。因为都是些珍贵的照片，所以想着不要设定上限，但即便如此还是可以运用"界限"的思考方式。"相册统一使用相同规格的物品，确定一年一册。有上限的话，整理会变得简单，而且之后的管理也很轻松。如果超出一册的上限，反复回味这些照片也很麻烦，整理照片的行为也就变得毫无意义了。"

其他东西同样如此。东西一旦增加，使用起来就会不方便。因此，最初确定的盒子或架子便成为"界限"，是物品收纳的上限。文件盒里收纳的杂志一旦超过文件盒的容量，便会着手处理。夫妇各自的鞋柜也是如此，两人都会让鞋子的数量保持在鞋柜的容量这个界限之内。如果超出界限，并不会寻找别的空间作为收纳场所，而是用减少物品的方式克服难题。

杂志也按照类别分别放入文件盒。如果超出文件盒的容量，便将应该留存的杂志挑选出来，其他的一并处理。

相册保持一年一本，确定了这个上限后，便会有意识地减缩照片的数量，能够频繁地反复翻阅。

起居室是一家人聚集在一起经营生活的中心场所。大家应该都把这里看作是轻松休憩的空间吧，因此会非常看重装饰的部分，但很少有人会为这个空间制定完备的收纳方案。实际上，我们在起居室经常会看看杂志，做做针线活或DIY，填写学校或幼儿园的申请书等，孩子们也经常在这里玩耍，总之会做各

法则6

在家人聚集的场所
设置统一收纳空间

种事情，如此一来那些必要的东西若能收纳在手边，拿取和归放都会更轻松一些。

Emi在起居室相邻的儿童空间一角设置了统一收纳的场所。因为在起居室和旁边的房间都没有作为收纳的建筑空间，便将宽幅很大的开放架子靠墙而立，让一整堵墙都变成了收纳空间，并用窗帘代替橱门，

Emi家的统一收纳。多亏了她当机立断打造的这个空间，起居室才免于乱糟糟的情形。抽屉盒及文件盒都用A4纸的规格以及白色进行统一，看上去很清爽。

只要拉上窗帘就能把架子整体遮掩起来。这样一来，即便从起居室可以完全看到这个收纳场所也没有问题，依然显得很清爽。

这里利用收纳盒和文件盒收纳了杂志、工作文件、文具、缝纫工具、其他工具等。打印机也放置在这里，便于随时与电脑及Wi-Fi连接使用。所有东西都能储藏进去，因此在起居室放松休息时或者孩子们玩耍后，随手便能整理好，不会出现散乱摆放的情况。"东西分散收纳的话，拿取和归放都会变得麻烦。统一收纳的话，就只要在这一个地方处理就行。所有东西都可以在这里找到并整理，真的很方便。如果将收纳场所设置在远离大家动线的空间，在另外一个单独房间的话，拿取、归放就很费事。关键在于要在起居室内，或者与起居室相邻的空间设置这样的收纳场所。"

Emi 实行的是尽量减少麻烦的收纳法，为此她总是有意识地考量到动线的长短问题。使用物品的场所要与收纳场所相近，动线越短，整理起来就越方便，也就不易变得杂乱。例如，去往起居室时，若中途设有衣柜，动线便不会被拉长，顺便可以将外套和背包归放到收纳场所。在起居室设置统一收纳场所，以及将孩子们的玩具收在一个地方，这些都是为了保证在最短的动线内，完成物品的整理。最短动线的思考方式最能发挥效用的地方是清洗衣物相关物品的收纳，这些东西的整理收纳很容易就将动线拉长了。我们可以试想一下常有的动线，将需要洗的衣物从房间各处收集起来洗好，拿到外面晾晒。晾干后拿进来，首先拿到起居室进行折叠。叠好以后，为了把衣物放进

法则 7

仔细考量整理物品时的最短动线

左：在洗衣机上方安装撑杆，拿到外面晾晒的衬衫等衣物可以在原地挂上衣架。右上：从洗衣篮中将脏衣物放进洗衣机的动线为零。将这些衣物放在洗衣机前方的架子中，基本可以做到无需移动。

洗面台等散在房间各处的橱柜中，又要在各个房间转悠一圈。对此，Emi 的做法是在洗衣机旁边放洗衣篮（将脏衣服放进洗衣机的动线基本为零），在洗衣机前方存放毛巾及内衣等（从烘干机取出后存放的动线为零，立刻便能归放回原位），在洗衣机上方安装了横杆（衬衫等衣物就在原地挂上衣架），衣橱并没有依照家人各自的房间分别设置，而改为统一的衣橱（晾干后的衣服可以一起拿到统一的衣橱进行存放）。像这样对洗衣的整个过程制定系统化的收纳，成功地缩短了做家务的动线，让整理工作一下子变得很轻松。

法则 8

挑选可以灵活使用的收纳用具

挑选收纳用具时，Emi 不会选择那些有着固定用途和使用场景的收纳用具，而是选择那些可以让人不断改变使用方法的收纳用具。"在老房子里一直放在洗面台处使用的开放式架子，现在改放在厨房使用。而一直放在厨房使用的架子则移到了统一收纳空间中使用。正因为是没有限定用途的架子，才能让我这么做。"树脂材料的抽屉盒也是一种可以灵活使用的收纳用具。书籍、衣服、玩具等都能收纳其中，即便生活方式改变了，必然也

只要将规格进行统一，就能无限大地对其进行灵活使用。也可以拆分为单个放置在别的地方。

能应用在其他方面。"这些抽屉盒能够拆分成单个来使用，只要统一抽屉的进深和宽度，替换使用的时候就很方便。"人们的通常做法是选择适合某个特定空间的规格，但这样想要替换到别处使用的时候，可能就会面临无法统一叠放的问题。因此，选择收纳用具时，不能单单考虑当下的功用，而要想到将来，挑选那些可以一直用下去的物品。

钢制的架子也是很容易便能灵活运用的物件之一。再配上挂杆，能够让架子的空间变得更大，用来收纳挂着的衣物。

衣服存放于衣帽间，幼儿园用品和内衣放在洗面台处，Emi 按照大致的类别存放这些物品。而在大类别下则按照物品的所有人进行区分收纳。不仅将自己与丈夫的物品分别放置在不同的架子上，就连孩子们的物品也按照女儿用的和儿子用的分别收纳。

"洗面台镜柜的收纳，会以柜门为单位对自己和丈夫的用品进行区分，这样

法则 9
完全采取各人收纳法

孩子们的收纳空间参照了幼儿园的储物柜。左边是儿子的，右边是女儿的，以左右对称的方式进行各自的收纳。

就不用打开好几扇门拿取物品，早上出门前做准备会方便很多。这样确定各自收纳空间的好处在于，每个人自然地对自己的收纳场所负起责任，而不会对他人有所期待，希望别人帮自己收拾。即便是孩子们也会理解'这里是自己的地方'，并由此按照自己的方式进行整理。"丈夫和孩子能够自己管理好自己的物品，作为妻子和母亲的工作就立刻变得轻松多了。因此，采取各人收纳的方法是十分有效的。

鞋柜也是按照各人的物品进行收纳。如果按照用途或种类进行分类收纳，就很难让家庭成员都明白，因此采取这个方法可以让每个人都管理好自己的鞋子。

一旦对物品的收纳感到烦恼，便立刻进行检查调整，这已经成了习惯。"粗略地制定规则更容易坚持下去。"

即便努力地对收纳方式进行审视，并一度完美地建立起系统的收纳，这种状态也绝不会一直维持下去，这是收纳这件事的特性所致。也就是说，收纳这件事是没有终结的。

"没有终结，这听上去好像有些消极，不过一度确定下来的收纳方法变得无效，这恰恰是生活本身在发生变化的证明。其中很大一部分原

法则 10
要明白收纳一事
没有终结

因在于孩子们的成长，这可以说是让人非常欣喜的事情。配合他们的成长，对收纳方法下功夫，我对此可是乐在其中啊。"

收纳系统露出破绽，本身便意味着家庭正向着下一个阶段迈进。要抓准这样的时机，对收纳系统进行调整。在漫长人生中，将这样的事情视为理所当然，并坦然接受它们的到访，这是最为重要的态度。"伴随着成长，会有新的东西增加，又或者重新审视自己的生活，去除不必要的东西，并再度做出自己的努力。为了每天能够快意生活，就不应该放过这样的时机，下些功夫做出调整，这是最好的状态，也是我认为最开心的事情。"

左上：水槽的对面。黑色的纸板箱和标识牌等，带有男性色彩的物品正在增多。左中·左下；没有餐具柜，便将餐具收纳在吊橱下方的管状架上。这里仅放置了一些名家制作或自己心爱的器物。右：坐旧的皮沙发、让眼睛舒适的绿色植物……大部分时间在起居室度过，所以空间舒适度成了房间追求的重点。

本多纱织

作为整理收纳顾问，为家庭提供整理收纳方面的建议。著有《打造轻松整理的房间》（Wani Books 出版）。与丈夫一起居住在两居室的房间。
hondasaori.com

本多女士的著作《打造轻松整理的房间》已经成为热门书籍。她当时是希望向人们传达"只要打造出轻松整理的整体架构，那么收纳便不会困难重重"这一想法。至今，已度过数年时光，她已经能够看到了实行这种收纳法后的幸福生活。"尽管人们常常倾向于将收纳本身当作目的，但它实际上应该是实现更美好的生活的手段。"

本多女士的"生活欲"比常人更胜。例如，她为了能让那些特意放入工作午餐便当的水果更好吃，甚至不嫌麻烦地借用别人的冰箱冷藏后食用。"我其实是个懒人，因此在生活上无法做到细致全面。但是，那种想要吃美食、想要过自己描画的生活的意识却很强烈。为此，我会寻找最佳方法，自己进行尝试。失败后，便不断改善，朝着更好的方向努力。"收纳便是其中之一，她经常会思考："怎么做才会更好呢？"。在她看来，"满足于惯例的自己和采取新的做法提高效率的自己，在相互较量，未来会走向完全不同的景象"。由此，她坚持每天对房间进行更新打造，在这种坚持的前方等待她的，就是生活的美好。"对物品进行适材适所的配置，按照居住者的喜好让家变得美好。我也想要打造那样的家。"

整理收纳顾问本多纱织的
收纳 & 整理十法则

"收纳是为了让生活变好而采取的手段。
要选用无需努力便能坚持的方法。"

法则 1

适合性格及习惯的收纳
能够让人轻松整理

本多女士自己的性格喜欢轻松舒适，因此提出了"无需努力也能持之以恒的收纳系统"。她声称，"如果整理工作需要付出很大努力，那必然无法长期坚持"，这话对于那些竭尽全力进行整理的人们而言，可是一个不小的冲击。

"每个人的性格及习惯都不尽相同。无视各人的性格及习惯差异而

制定的收纳方法，是无法持续下去的。性格、习惯已经很难改变了，而改变收纳法却很简单。"

想要创建适合自身性格及习惯的收纳法，首先要从观察自己和家庭成员的行为开始。例如，外出回家后的行为：放下背包、取下配饰、洗脸。根据这样的动线，对物品收纳的场所进行配置，就能随手将东西

上：将背包挂在椅子上之后，去往洗面台途中的墙壁上，设置了挂首饰的地方。下：除下首饰后，接着是洗脸。洗面台上方放置了卸妆乳、洗面奶、化妆水、美容液，旁边的搁板上收纳了毛巾，脚步无需移动便能够完成整个流程。

归回原位，防止散乱的情形发生。

至于收纳时的具体做法，也同样按照各人的习惯进行安排。如果不擅长叠衣服，便用衣架挂起来；如果觉得放进抽屉麻烦，便挂在钩子上。凡此种种，只要是为当事人考虑，让他做起来方便就好。本多女士的习惯便是背包挂在椅子上、首饰挂在钩子上、洗脸用品放在外面，每个环节都只需一个动作便能完成。她明白，如果需要两个动作才能完成，就无法一直坚持下去，因此采用了这种对自己而言毫不勉强的收纳方式。

"只要是依照性格及习惯确定的收纳法，就能够不特别依赖干劲，自然地完成整理工作。我就是这样让每天的整理都变得轻松起来。"

法则 2

只存储用得完的量，
实现轻松管理

究竟应该持有多少物品，这个问题在进行收纳之前就应该考虑。本多女士是以对自己的某样物品重新审视为契机，开始考虑适量问题的。"说起来很难为情，有一次吃坏肚子才让我开始思考这个问题。那时就想，莫非是因为吃了长时间放在冰箱里的食物？"

自那以后，购买食品的量便限定在夫妇二人在食物保鲜期能够吃完的量内。无法冷冻保存的新鲜

上：储藏柜中属于丈夫的空间，改用钩子而不是专门的衣架来收纳帽子，归放回原位变得更方便了。下：早晨，更换衣服的使用鸭居的钩子与衣架组合，干净的衬衫挂在衣架上，换下来的睡衣则放进下方的盒子里。回家后，换下的裤子也挂在这里。

鞋柜中放置雨伞的空间用来收纳纸袋。这个空间有一定高度，便利用L形的亚克力板进行分隔。

蔬菜，还是最喜爱如图所示的小包装嫩叶菜（Baby Leaf）。"因为并非每天都会烧菜，买了一棵生菜，还是会吃不完就烂掉。从经济角度来看，买一整颗会比较划算，但是能及时吃完更让人心情愉快，哪怕贵一点。在腐烂变质前必须用完的压力，也因此得到释放。"因为食材能够及时用完，冰箱的空间也得到重新调整。空出来的地方随时都"欢迎"新鲜蔬菜。其他非食品类的物品，便利用空间对其进行限制。例如，会不断增加的纸袋放在玄关处的鞋柜里，原本是用来放置雨伞的，但因为空间窄小，十几个袋子就塞得满满了。"如果塞不进去了，就意

经常采购这种蔬菜与香草的混合装，这些种类的蔬菜如果每一种都整颗进行保存，冰箱的空间就不够用了。

味着不需要保存了。"
持有用不完的数量，就会需要多余的管理。也就是说，"持有"本身变成了麻烦的来源之一。

法则 3

利用略带强迫的做法，让人面对阻碍，必须进行整理

对于整理中特别不擅长的部分，会采取稍显粗暴的做法。会特意制造些麻烦的种子，让自己不得不面对整理这件事。
右边照片中的篮子大约是60厘米×40厘米，对女性而言要跨过去还是有些困难。"将这个篮子直接放在通道

上。因为变成了阻碍，就会立刻想要把衣服都叠好吧。"本多女士说道。将晾干的衣物从衣架上取下、放入篮子，就这么直接放在收纳衣物的储藏室入口处。那里是玄关进来后的通道，这就必然会成为阻碍。如果挑了小型篮子，大概就会随便放在房间角落里，洗好的衣物就不知道要过多久才会收进抽屉里去。
"我会尽量避免叠衣服。这种性格怎么都改不过来。因此特意制造了这么一个不叠不行的状况。就算是我，在必要的时候尽管磨磨蹭蹭但还是会完成。类似的心理战，对我意外地有效果。"

一次洗涤的量大概是这些。大号洗衣篮会占用空间，一旦变成阻碍便自然会收拾整理，大概就是这样的心情。

鞋子上方空余的地方作为书柜使用。想要随手翻看的书和DVD都收纳在这里。

法则 4

消除固有观念，自由使用空间

在我们头脑中，会有一系列像是被洗脑后的想法，例如"餐具应该放在厨房"。当这种想法成为一种干扰，会出现这样的情况：起居室的收纳明明很松散，却非要将餐具塞满餐具柜，每天使用的时候极为不便。"消除这种'应该'的想法，收纳会变得更轻松哦。让头脑变通一下，用更自由的思维来看待空间。这样的话，选择项就变多了，收纳的可能性也变大了。"

本多女士家里，鞋柜被当作书柜使用。两居室42平方米的空间非常有限，没有放书柜的地方，而大大的鞋柜却有很多富余空间，便被利用存放书籍。

另外，在厨房水槽下方设置了抽屉，存放一些日常维护的工具。这也是对收纳空间重新检查，有效利用了多出来的空间。

"若是用既定的观念看待这样的做法，在鞋柜里放书？在厨房归置工具？大概是脑子坏了吧。这里想让人们思考的是，收纳的目的在于能够让人方便地使用生活中的用品。优先考虑这一点，尝试重新审视家里的空间吧。"

厨房水槽下方，在空余的抽屉中存放了螺丝刀、钳子等日常维护用的工具。

法则 5

将物品"可视化"，无需寻找便进入视线

本多女士说"原本就对自己不太信任"。她本人可以说有些懒惰，还经常丢三落四。"自己的这些缺点，并不是轻易便能改正的。因此，为了防止这种情况发生，便把东西放在看得见的地方，实行'可视化'的做法。"透明密封袋从外面可以看见内容物，可以说是"可视化"的代表收纳工具。即便不将里面的东西取出，也能明白里面装了什么。这样一来，便省去了拿进拿出的麻烦，可以立刻拿到想要的东西。而且，用文件夹统一存放，从透明密封袋里拿取时也迅速、方便。

另外，将物品放置在醒目的位置也是"可视化"的做法之一。例如，在储藏柜中层放置的篮子里收纳了身体乳、身体除汗剂、卸妆用化妆棉等

容易放在洗面台上的物品。"这些都是不穿衣服的时候使用的东西，便放置在这个换衣服的地方。这些东西如果不创造使用的机会，便会渐渐不再使用，因此要瞄准使用的场景，创造使用的机会。"

到期需要归还的DVD便挂在玄关门的挂钩上，特殊品种的茶叶或食材则放在每天早晨吃的麦片旁边。自己不需要主动寻找物品，而是将其置于视线范围内，创造使用物品的契机。这也算是懒人才会使用的"他力本愿术"吧。

上：经常会被忽视的身体乳液和止汗剂等用品，就放在换衣服的地方，能够时时看到。
下：必须保存到年度结束的发票、票据等，照信用卡账单、医疗费等进行分类，放入透明塑料袋中，省去了拿取的麻烦。

法则 6

使用篮子和钩子，
实现"手边收纳"

在收纳类的教科书中看到过这样的话："将物品收纳在使用场所的附近。"但是，真的有这么恰好的空间，有这样定制打造的柜子和家具吗？如果是租借的公寓就更难说了，本多女士为此提供了解决方法。

"其实这种做法中存在着危险，如果一定要把东西都放在这里，就没法做好收纳了。要认准最为常用的物品，进行优先配置。没有收纳场所的话，其实有办法可以创造出来。"平日的生活中，有些东西是"放在这里用起来方便，整理也方便"的。比如，下图中沙发旁边的木盒。因为经常坐在沙发上看杂志，就想着在伸手可及的地方存放杂志，便把木盒放在沙发扶手上。另外，经常使用的调味料放在挂于燃气灶下方橱门的吊篮中，保持在不用蹲下去便能拿取的高度。在

将家里原本就有的木盒放在沙发扶手上，做成了放杂志的简易书柜。

平整的地方用木盒或篮子，墙壁或门上则用吊篮或挂钩，令人意外的是，收纳场所很容易便能打造完成。

"正因为简单，才需要加倍注意。一旦放了些可有可无的东西，就会让真正需要使用的东西变得难以拿取。只要将那些'这个放在这里使用很方便'的东西放在手边就好。"

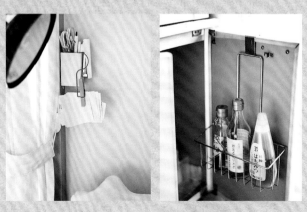

左：燃气灶下方的柜门内侧，挂上铁丝吊篮，可以收纳麻油、味淋等调味料。对个子高的本多女士而言，比放在柜子下层更容易拿到。右：书桌正前方，放置了经常使用的文具用品。在小盒子上贴上粘贴式挂钩，便能固定在窗框上。从钱包里取出的要据则用夹子夹在一起。

法则 7

叠或不叠，依据能否有褶皱及空间判断

本多家里，物品分为需要折叠和不需要折叠两种。每个家庭或许都是这样，但让人好奇的是分界线在哪里。

例如，擦桌布和餐具布。前者无需折叠便塞入环保袋中，后者则叠好整齐排列在抽屉中。"擦桌布是弄湿后使用的，即便有褶皱也 OK。亚麻制的餐具布则需要吊挂着，都是褶皱的话，看上去就……而且，不折叠的话更占空间。"

上：亚麻布质地的餐具布，叠好后整齐排列在抽屉中。不叠的话，褶皱就很醒目，而且还会额外占据收纳空间。下：使用时需要先弄湿的擦桌布，便没有必要折叠了。

还有短裤和背心，这两者材质相似，但短裤无需折叠，松垮地放进抽屉，背心则叠好竖起来收纳，这也是以能否有褶皱作为区分标准。此外，背心折叠后存放更省空间。同样是短裤，丈夫的短裤尺寸较大，还是会折叠好存放。"叠还是不叠"并非考虑的重点，而是以是否允许出现褶皱，以及收纳空间是否能存放作为判断标准，这样一来，洗完衣物后的处理也会变得更为轻松。"这毕竟只是自己家的选择。还要依据洗涤的频率来决定。我家每天都会洗衣服，就算麻烦，需要折叠的餐具布和背心也就那么一两件。对于那些在周末集中洗衣服的人来说，工作量一下子就多了，应该还有其他的选择项。"

人们常常会在面对壁橱时意外地发现："这东西原来在这儿啊！"本多家里却不会发生这种情况。对自己的物品全盘掌握，实在是一件让人愉悦的事。本多家的壁橱每每被杂志登出介绍时，都会有很多人关注，从这点上就能明白。

法则 8

灵活使用壁橱的内侧，让外侧使用更方便

"这话可能有些重复，看不见的东西就容易被遗忘。如果一件物品的存在被遗忘，那就等同于没有这件物品，就会让人怀疑这件物品是否必要。我家很小，收纳空间也很有限，便会对此更为注意。"

对于壁橱的收纳方法，如下所述。将壁橱进深进行二等分，首先将使用频率较高的东西放在外侧靠近手边处。然后，将使用频率较低的物品存放在内侧。

"类似壁橱和水槽下方这种进深较大的空间，无论如何，东西都会集中堆积在靠近身体的外侧，内侧的使用变成了关键。留出手臂可以伸入的空隙或者做成滑动式的抽屉等，能够更方便地拿取物品，就不会出现'永久储藏物'。"

只要对难以使用的内侧空间下些功夫，壁橱就会变为使用方便的收纳空间。

左：靠近外侧的西服袋和衣架钩可以移动的壁橱。将挂杆纵向安装后，把使用频率较低的西服收纳进里侧。右：水槽下方安装了抽屉，便当盒及保鲜盒等收纳其中。拉出抽屉便能看到最深处存放的物品，就没有必要蹲下来朝里看。

法则 9

灵活使用样式简单的盒子，改善收纳情况

每次探访本多家都会注意到收纳上的一些小小变化。收纳用具的放置场所和用途不断改变，让家中气氛保持活跃。

例如，沙发边上的木盒（P67）以前是放在厨房水槽旁用作餐盘的。另外，左上方照片中的收纳盒，之前是用来存放指甲剪、掏耳棒等清理用具的，现在却用来存放打印机的墨盒以及贴普乐（Tepra）出品的标签带。还有亚克力制的CD盒从玄关处移到了冷冻室、A4的文件盒从盥洗室改到水槽下方，每一个都转移到发挥用途的地方。

"简单样式的正方形盒子基本可以适应各种放置场所，可以方便地转换用途。在对收纳进行重新检查的时候，会需要将收纳盒互相替换或者为它们创造

上：存放在抽屉里的墨盒及标签带，因为使用频率变高，便放在这个能够直接拿取归放的餐具盒中。左下：文件盒之前是放在盥洗室用来存放衣架的。现则放在厨房水槽下方的空隙处，用来收纳切片机。右下：对CD进行整理后，不需要的CD盒就放在冷冻室里变成区隔空间的隔板。

新的收纳场所。如果想到哪件物品可以用时，它恰好在手边，就会觉得很满足。所以我不嫌麻烦地一想到什么就立刻进行改善。"

法则 10

专业人士也会遭遇失败，所以收纳不存在标准答案

厨房架子上挂着的网兜包是为了存放零食买的，但有可能不久后便会从这个地方消失，因为到现在还没真正派上用处。"收起来的话就容易忘记，因此想要采取'可视化'的方法。但是，东西还是很习惯地放进架子或者抽屉里，完全没有用到这个包。嗯……这是个失败的收纳吧。"

收纳是尝试与犯错的交替进行，即便是专家也会出现失误。因此，日常生活中一旦感到不便，就要想'放在这里怎么样呢'，要不断地进行尝试。

"人们会寻求唯一的标准答案，有了这种比较的心态，就会想'别人是怎么做的呢''自己是不是做错了呢'，从而变得不安。这样就会失去跨出去的勇气。对于收纳，不要寻求标准答案，而要尝试适合自己的方法。标准答案只能通过自己的探寻才能找到，请领会这一点。"

失败是成功之母吧？为了存放零食购买的网兜，如你所见，现在还在寻找失败的原因。

让房间保持清爽的物品处理法则

如何面对与日俱增的物品，
这是收纳与整理能持续下去的不可忽视的问题，
请告诉我们各自的处理方法吧。

想要保持装饰着鲜花的空间

"有鲜花陪衬的简单空间最为重要，在处理物品的时候要毫不犹豫。"留意发现几个回收商店或者二手书店等，可以降低处理物品的难度。（P34~ 川原家）

拿取归放变得困难时便是处理的时机

"尽管喜欢的东西不会强行处理掉，但是拿取、归放感到麻烦时，就会觉得该处理了。"选择无需太多精力的 Amazon Market Place，对物品进行回收出售。（P110~ Saito 家）

确定拥有或不需要的物品类别

埃玛自认并非极简主义者，而属于物品多的类型。自己收集来的东西很难处理掉，壁橱里的东西（也就是衣服）只保留正在使用的那些。（P10~ 埃玛家）

对于儿童用品感到收纳压力的话，就将其他东西扔之而后快

拿回家的东西会当场拆封并处理掉，清水女士每天都会扔掉些东西。"即便我是这么做的，孩子们的东西还是会保留下来。直到变成饱和状态，觉得实在没办法时，才会重新检查。"（P22~ 清水家）

定好场所只进行内容物替换，绝不塞得满满当当

"对物品再次检查的机会，一般是购买了新的东西。"如果无法放入确定的场所，便会将不需要的东西或老旧的物品处理掉。"即便能够塞在缝隙里，但看上去会不太美观，所以不会硬塞进去。"（P28~ 水上家）

可以确保足够的使用空间时，不做处理

孩子们的作品会存放在儿童房的壁橱里，放不下的话就放在卧室的床底下。"将他们的作品保留下来我自己会很开心，所以还有剩余空间的话，便不会丢弃。累积多到没有空间存放的时候，会在大扫除时重新检查。"（P72~ etoile 家）

舍不得扔东西，因此会暂时藏起来

对处理东西感到舍不得的泊女士，对于那些迟疑着该不该扔的东西，会先放在拿不到的地方。"过半年后，对家中设施进行调整的时候再考虑，如果实在用不上就扔掉。"（P98~ 泊家）

Part 3

"有孩子在"经常被当作借口，成为那些渐渐开始不整理居住空间的人的口头禅。东西越来越多，孩子们会随意地将东西散乱各处……空间变得越来越难以整理，这是无可争辩的事实。但是，那些不以此为借口的人，他们的生活又如何呢？有很多可以作为参考的好点子。

不以"因为有孩子"为借口的
收纳 & 整理

etoile 的收纳 & 整理 *rules*

法则 1 外界信息仅作参考，而非囫囵吞枣地全盘受纳，要重视自家情况。

法则 2 用区隔法预设物品摆放的固定位置，不论是谁都能一眼看懂。

法则 3 总而言之，使用后要归回原位。为此，要把取放设置成一个动作。

etoile 并没有收集很多关于收纳的书籍。"书里的想法、创意是别的，与我家情况不同，在这种前提下真正引起我兴趣的方法才会付诸实践。"

按照种类及项目对物品进行分类后分别放入收纳盒，再存放进收纳空间。明确地传达"这个放在这里"的信息，连孩子们也能明白。

为了将东西归回原位，要让取放本身变得简单比如只需打开柜门或者拉开抽屉。降低难度，在做得到的范围内进行整理。

重视取放便利

etoile

沙发背面的死角，正好可以用来存放零散的小物品。孩子们饲养的昆虫，以及很难找到合适位置的镶框海报，放在这里毫不突兀。

改变室内装饰是etoile的兴趣所在。锁柜上方的水桶状盒子里放的是用来装饰的物品，其中还有秋冬必备的装饰灯泡。

以怀旧风（体现老旧韵味的复古情调）和现代情调两相混合的室内装饰风格打造的时尚起居室。涂成白色的锁柜里收纳的是网络商店的销售商品及包装材料等。

起居室

室内装饰格调的决定性物件便是这个复古的壁炉架（用来装饰暖炉的架子）。黑白色调容易显得太过现代，于是用相框或立体装饰品增加动感，打造轻松愉快的空间。

工作区设置在起居室一角。打印机与室内装饰的整体氛围不太搭调，于是用大头针将布固定在桌沿，将其遮盖起来。另外还放置了手推车，让空间的区隔显得随意而轻松。

工作区

鞋盒的大小正好用来存放胶带和线绳。黑色让室内风格显得更有男人味。

为了防止桌面变得零乱，采用能放下 A4 大小书写板夹的纸盒来收纳。未经处理的文件和邮件等都一并放入其中，有时间的时候再处理。

经常使用的文具用品和文件夹则放在顺手的一侧。取放都很顺畅。白绿相间的笔记本是记录密码的手帐本。

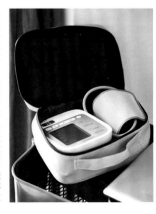

手推车上放了血压测量仪。在顺手能够拿到的地方，时刻关注家人的健康。银色袋子与室内风格相契合，即便这样打开放着也没问题。

对室内装饰兴趣盎然的 etoile 甚至自己开起了网络商店，销售海外杂货。孩子出生后，她才开始管理家人的物品，对收纳也开始认真思考起来。

"我认为收纳应该从了解自己的喜好和性格开始。例如，女儿的衣服大多都是她自己挑选的，认真整理时自然心情也很好，喜好可以说与整理的动力相连接。但是在生活中，自己毫无兴趣可言的东西有很多，那些东西该如何恰当收纳呢？这才是今后的课题吧。"

一直留心注意的是确定物品存放位置后，要在使用后归回原位。最近才意识到，明确东西的摆放位置，对任何人来说都是一件方便的事情。但即便如此，忙起来的时候，东西还是会乱，现在正在摸索没有时间也能

杂志等纸类用品及其他生活用品都存放在橱柜中。尽管柜子里面多少有些杂乱，但是「在这里找就行」的意识还是增加了安心感。水电费的账单等急需处理的东西就放在吧台的文件盒里。

资料

与丈夫、九岁的女儿、四岁的儿子，
四人共同生活。
73m² 三室一厅
建筑年数 6 年

博客
lajolieetoile.blog.fc2.com

餐厅

遥控器、笔、指甲剪等放在桌上便于使用的东西，则收纳在桌子的抽屉里，保证在最短距离内进行取放。

托盘、杯垫和餐垫也放在抽屉的固定位置，比放在厨房更为方便。

维持整洁状态的方法。

"我并不擅长整齐排列、严格统一的做法。因此看不见的地方就不太会坚持。打开柜门扔进去这种整理法，能用一个动作便完成取放的全过程。即便里面乱糟糟的，只要桌子上干净清爽就好，这对我来说是最好的方法。按照自己的步调，绝不强求要努力做好。"

在大门附近放了复古的手提箱，作为背包放置的空间。板夹＋海报的装饰组合，让这个角落显得时尚漂亮。

『因为不想在起居室放置玩具，便将起居室隔壁的房间设定为儿童房，孩子们在起居室玩好后，可以自己将玩具放回房间。』粉刷的墙壁、复古的桌子和蕾丝制的床幔（床上用的帐篷），就好像是外国小孩的房间。

床铺下方的空间则活用为游戏场所和玩具收纳场所。迷你架子、木盒、篮子、网兜等很好地组合使用，将人偶和衣服都收纳其中。

女儿的桌子内用内置收纳盒对空间进行区隔。文具用品、贴纸簿等区分摆放。这些收纳盒是作为抽屉进行售卖的。

存放孩子衣服的抽屉柜。柜子上面放置了运送苹果的木盒，玩具像是装饰品一般被存放在这里。Liberty 出品的小手提箱里则收纳了人偶的衣服和展示用的明信片。

儿童房

衣服的收纳会按照季节进行轮换。将衣服竖起排放，从上方望下去，分类一清二楚。为了放进体积较大的冬季衣物，需要事先确保一定的空间。

手帕和口罩等女儿去学校用的物品则归置在一起。用空盒子对抽屉空间进行区隔，分门别类存放。

儿子喜爱的恐龙玩具收纳在搁板上，同时也是一种装饰，会让人想要仔细观看。刚买的迷你车模型也放在这里。下面的篮子用来临时存放玩具。

芭蕾、英语、游泳等兴趣班的用具则原封不动地放在手提袋里再统一收纳在壁橱里。需要时便原样取出，省去了准备的麻烦。

将壁橱的移门拆除，省去了开关门的麻烦。柜子里面也与房间的气氛相配合刷成了灰色和粉色。上层是女儿的东西，下层是儿子的东西。

乐高积木等琐碎的玩具则用铁罐归置在一起。随着孩子们的成长，玩具也会发生变化，为了对应增多的玩具种类，空盒子也会事先存放起来。

抽屉中放入了尺寸不一的收纳盒，玩具按照大小尺寸进行收纳。这样一来，玩具就不会混杂在一起，也能够防止开关抽屉时相互碰撞。

在壁橱中前后并排放置了搁架单元柜，有效地利用了壁橱的纵深空间。前排靠近身体的单元柜安上了滑轮，便于移动。后排则收纳了使用频率较低的物品。

用最喜欢的恐龙画做装饰，打造自
己喜爱的空间。之前用来放置电饭
锅的搁架，用油性着色漆上色后用
来放置日式双肩书包。

在房间各个角落放置篮子或木盒，避免杂乱无章

tweet

法则 1 在动线上放置收纳盒，创造在不经意间就能归置物品的环境。

仔细观察家人平时通过的地方以及会站立的地方，点缀一般放置相应的收纳容器。"不知不觉就放进去了！"这样一来，整理起来就很轻松。

法则 2 要求收纳容器具备广泛的适用性。

挑选可以长期使用的收纳容器，并在家中各个空间灵活运用。例如，现在用来收纳玩具的A4规格文件盒，将来准备用来放复印文件。

法则 3 利用"乖孩子积分"奖励孩子，提高他们的整理兴致。

如果孩子们努力学习或者做好整理，便给他们增加"乖孩子积分"。积分到达一定数量后，便会给予奖励，指导他们积极地整理好自己的物品。

选择适合游戏场所基调的鞋盒，灵活运用于玩偶模型的收纳。tweet坚持的信条是严格管理收纳容器，所有东西要物尽其用。

儿童房

长子非常喜欢的卷帘式文件柜。乐高积木、折纸等琐碎物品都收纳在这里。对物品进行分类并贴上标签，这都是长子自己完成的。

与书桌相对的玩具收纳空间。"如果喜欢的东西进入视线范围，就无法专心学习。"因此要对空间位置下功夫。由长子自己负责管理这个空间，他会以停车场的样式来排列汽车模型，完全是一种展示式收纳。

单单将时间表贴在墙上有些索然无味，于是便用玩具作装饰打造了这样一个充满乐趣的角落。将素面的木盒经过上色后，安装在墙壁上，摇身变为装饰架。

日式地板上的篮筐里放的是尿布和湿纸巾。因为经常在榻榻米上给孩子换尿布，所以放在了这个立刻就能拿出来使用的地方。

儿童用的楼梯防护栏折成 L 形放置，造就了过家家游戏的角落。玩偶、玩具车和积木等大致地规定好放置场所，孩子们自己也能够明白。楼梯护栏还用儿童绘本做装饰，小小地改造了一番。

儿童空间

与起居室和玄关相连的和式房间，是妈妈和孩子们的活动据点。壁橱里存放了玩具、学校用品、替换衣物等，放在一楼更方便的东西都集中在这里。

原本是放置服装的铁皮盒，横过来放在地上成了书架。tweet 小时候读的童话书整齐排列其中。旁边就是学习桌，因此上面篮子里放的是教科书。

三个孩子分别为八岁、四岁、二岁，所以 tweet 现在正处于最繁忙的育儿时期。正因为可以用来整理物品的时间所剩无几，所以她将精力都用在了如何防止东西散乱各处的问题上。用来解决这一问题的是箱子、木盒等收纳容器。"我原本就喜欢各式各样的盒子，家里存了很多。这些盒子既节省空间，又能适用于各种场景，只要适材适所地进行设置，就可以轻松实现'用完便放回去'的法则。"

在房间的通道或者很容易随意放置物品的地方，事先准备一些空的盒子。看到这些盒子便不知不觉地随手把东西放进去了，对东西散乱的危机做到了防患于未然。即便在惯常的地方找不到某件物品，看看这些盒子便会发现，这也是应对家中物品"下落不明"的方法。盒子中堆积的物品，会在时间充裕的时候一一放回原来的固定位置。

另一个需要特别重视的问题便是适量。孩子们的玩具、文具等用品，都会不断累积起来，这就需要时不时进行检查，如果发现取放不便的情况，便将多出来的物品移至第二、第三顺位的收纳场所。

如果这样还无法整理干净的话，就要借用孩子们的战斗力。在我们家，设定了"好好做整理的话，就可以积100分等'乖孩子积分'制度。对应积分，会在常规点心中特别准备蛋糕等奖励。因为有了奖励制度，孩子们做起来就很卖力。大概是这个缘故吧，长子居然能够自己完成'展示式的收纳'。"

为了使用起来更顺手，对壁橱进行了改造。平时壁橱门一直是打开的状态，于是便在里面装上窗帘挡住视线。左下方是玩具的收纳空间。

资料
与丈夫、八岁的长子、四岁的女儿、两岁的次子，五人共同生活。
约 118m² 三室一厅
建筑年数 5 年
奈良县

博客
ameblo.jp/tweet-fufufu

1

壁橱的上层搁板很难够到，于是用来放置孩子们的非当季衣物。用比较深的箱子确保储存量。

2

贴在衣服上的止汗贴放在更换衣服的地方，外出时做准备会更迅速。

3

换衣服时发现衣服开绽的话，放在旁边随时"待命"的缝纫用品可以立刻派上用处。

4

孩子们从书包里拿出来的复印件等会很顺手就放在壁橱中层的搁板上，因此壁橱里面也放置了"临时盒子"用来收纳这些杂物。

5

孩子们放学回家后，我会和他们一起准备明天上学的物品。将制服和手帕从抽屉中取出，统一放在盒子里。

6

手帕和手套等是长子每天去学校要带的东西。数量繁多，便在抽屉中分门别类进行收纳。

8

食谱放在这个离厨房较近的地方。因为偶尔才会翻看，因此放在壁橱内侧也 OK。

7

tweet 的衣服。从二楼转移到了一楼的壁橱，换衣服的时候更方便了。

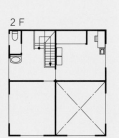

A4纸大小的病历卡存放柜，用来收纳纸类物品恰到好处！左上方的四层是打开柜门比较习惯的落眼处，便用来收纳小学和幼儿园用的文件等。

病历卡存放柜上放的是原本用来存放衣物的铁皮盒，转而成为杂志的收纳空间。为了清扫餐桌下掉落的食物，特别挑选了漂亮的扫帚组合，可以就这样放在外面。

小抽屉里面放的是家庭日常使用的药物。利用烤蛋糕的纸质模具做区隔，分门别类地存放。这样一来，想要的东西立刻就能找到。

打印机上方的空余处放置了篮筐，存放"必须优先处理的东西"。包括邮件、待修理的水龙头等等。

餐厅位于厨房和起居室中间，很多东西都会在这里拿来拿去，特别是有些东西很容易就随手放在餐桌上。为了不让这些东西弄乱桌面，在餐桌附近准备了临时存放的篮筐。餐桌上一直放着的只有茶水和杯子。

在定制的架子上放置篮筐和木盒，用来收纳物品。左边主要放了照相机和摄像机，右边放了游戏和DVD等。孩子们做作业时需要用到的文具也收纳在这里。

起居室

准备好空篮子，用来临时存放这些玩具。tweet会将散在房间里的玩具集中在篮子里，孩子们会自己将玩具归回原位。

开口式垃圾箱藏在架子下面。婆婆亲手制作的套子上，还有一个插袋用来放置替换用的垃圾袋。

女儿桌子前方挂着吊篮，用来收纳梳子和发带等美发用品。相比洗面台，放在换衣服的空间附近更为便捷。

经常会随便乱放的遥控器，则指定好固定位置进行管理。用来打扫架子的拂尘和簸箕也一并放在里面。

起居室的一角放置了统一规格的书桌，是长子和女儿的学习空间。教科书和文具就放在周围的收纳用具中，桌子上尽量不放任何东西。

长女的房间是灰色×粉色相搭配
的色调。现代风格的书桌和椅子是
Aula 用过的。右侧角落里的附盖
篮筐则代替了书架。

tao

按定好的位置收纳，不让物品在外散落

Aula

法则 1　对物品分门别类，收进相应的抽屉内。

法则 2　用照片对房间进行客观评断，去除造成杂乱感的因素。

法则 3　浏览与收纳相关的书籍和博客，精简物品的"开关"就此打开。

曾经尝试过对物品仅做大致分类之后便随意存放的方法，结果很失败。因此转变为细致分类的收纳方式。为此，特别活用了抽屉数量较多的文件储藏柜。

时不时会拍几张房间的照片，并依此判断东西的摆放状态和色彩的杂乱程度。对观看造成干扰的东西就会将其隐藏起来，为了让空间清爽干净毫不懈怠。

"看了那些清爽的房间，就会特别想要将东西扔掉。"开关抽屉时如果感到压力，便会开始阅读整理类书籍、浏览相关博客。

家里随处可见宜家出品的家庭办公用抽屉柜 ALEX。"对物品进行适当的分类，会让收纳变得更方便。"文具、作品、游戏书等，这种分类法孩子也很容易明白。

儿童房

对家里多余的篮子或盒子实行"总动员"，放在抽屉里作为空间区隔。贴纸、印章、朋友的来信等，都会细致地进行分类存放。

床和桌子的空隙处放置了手提式篮筐，代替边桌。不想放在外面让人看见的纸巾盒和闹钟都藏在里面。

儿童房

次女的房间装饰着床幔（床上用的顶篷）和滑梯，可以充分享受快乐。女儿芭蕾舞演出时收到了无纺布做成的花，拿回家后将其展开，剪成三角形再利用，做成了天花板垂吊下来的粉色旗子装饰。

上：架子上收纳的是色彩缤纷的玩具，因此将架子的背板朝向房间门口，把杂乱无章的状态隐藏起来。顶篷和地毯配合使用，打造成小天地的样子，孩子们都很开心。下：次女为学校运动会画的彩旗就贴在墙壁上增添趣味。"这可以让她稍稍沉浸在快乐的回忆中。"旁边贴的是朋友写给她的信。

作为两个七岁和五岁女孩的妈妈，Aula 还身兼幼儿园 PTA 的工作。趁着长女升入小学之际，对孩子们的物品收纳重新审查了一番。

"存放在二楼儿童房的学校用品移至玄关旁的收纳库。因为作业和学校的准备工作都在一楼完成，这样就不用每次都上楼取东西，方便很多。"玩具和绘画用品等都在起居室使用，所以基本都放在这里。并排放了两个宜家出品的橱柜（P88），姐妹俩各占其一。衣服也移至起居室存放，洗完澡后更换衣服或者将换洗衣物放回去都很方便顺畅。消除"起居室存放起居用品"这个既定概念，在使用的场所摆放相应的用品，以最短的动线提高效率，东西取放都会更为便捷。"我原本非常不擅长整理东西，总是把东西随意地放进篮子或盒子里，但这样会让里面变得一片混乱，使用起来很不方便。现在则是利用抽屉，将物品全部分门别类地存放。孩子们有时候会放错地方，对此并不会太过苛求，我自己会修整回来。对室内装饰充满兴趣的我还是比较重视整体外观，基本上只要把东西都收进去就好。东西只要有可以归放的地方就很安心。总之，我会非常留意去确定东西摆放的固定位置。"

1

Aula 专用。回家后将背包中的东西取出，放进这个抽屉。

2

手帕、学校用餐垫布、口罩等，都是长女每天去学校要带的东西。

3

长女收纳钱包的抽屉。外出前，只要从这里取出便好，外出准备也会很顺利。

4

在有一定高度的抽屉中收纳了芭蕾等兴趣班用品，将物品放在手提袋中直接放入抽屉即可。

储藏室

墙上贴着长女的时间表。一边看着课程表，一边取出教科书放入书包，第二天的准备工作迅速就完成了。

使用电脑软件制作了附有图片或照片的标签。罗马字是名字的首字母。

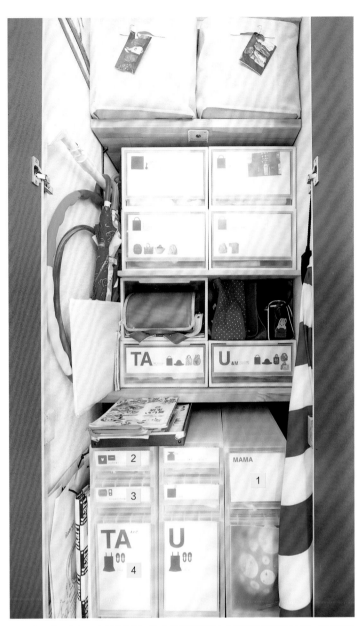

从玄关处进入房间后立刻就能看到这个利用楼梯下方空间打造出的收纳库。孩子们的学校用品、全家外出使用的物品等等，都集中存放在这里。有了这个收纳库，外出时的准备和回家后的整理都会变得很轻松。

资料

与丈夫、七岁的长女、五岁的次女，四人共同生活。
100m² 四室一厅
建筑年数 4 年
大阪府

博客
aula.exblog.jp

大部分家具都是北欧复古风。抽屉柜上面的篮子用来收纳照相机和Aula的首饰、手表等。长女会在这里完成作业，之后便将书包归放到玄关的收纳库中。

利用沙发旁的死角放置收纳篮，存放水彩画用具、喷枪等绘画套装，还特别用心地用布盖上。

孩子们的衣服放在距离浴室和阳台较近的起居室内。这样一来，孩子们觉得方便，收衣服的妈妈也会很轻松。

起居室

宜家出品的抽屉柜中收纳了会在起居室用到的文具和小玩具。右边是长女的、左边是次女的，分得清清楚楚，孩子们也很容易记住。

餐厅

已经有损坏的 Fanett Chair 则变成了纸巾盒的存放点。这也是为了不在餐桌上放东西而花费的心思。

在玄关处的通道上放置竹篮，宣传单等可以临时放进里面。每天需要喂食的狗粮则放在玻璃瓶中，是可见式收纳。

Aula 的整理工作首先从餐桌开始。因为站在哪里都能看到餐桌，所以如果这里整理干净，心情就会很愉快。不知不觉会随手放在餐桌上的手机充电器，则规定放在角落的小桌子上。

厨房

保健药物和能量补充药物放置在厨房的固定位置，便于取水吃药。大小不一的两个篮子叠放使用，下方的篮子里是存积的药物。

白色×自然色打造出清爽的厨房空间。尽管物品杂多却显得干净清爽的秘诀在于，就连厨房家电都做到了颜色统一。

利用柜门和环保袋将不想展示的东西隐藏起来

左：清扫胶带、团扇（洗完澡使用）都放进环保袋中，再挂上柜门的把手。替换装也一并放入，用完需要替换时也很方便。右：柜门内侧当作信息板，学校和兴趣班的行程表、优惠券、促销传单等等都贴在上面。只要关上柜门，就很清爽。

Aula 现在正积极努力精简物品。首先是清理厨房用品，最终做到像这样一目了然。"要用的工具马上就能找到，还提高了烹饪的速度。"

9.5叠（约15平方米）的空间不算宽敞，于是决定去除多余的物件，利用直线条家具打造清爽空间，并用照明、悬挂式动态雕塑、海报提升设计感。

tomo 的收纳 & 整理 *rules*

法则 1　结合孩子们的玩乐方式，摸索能让他们自主取放的收纳法。

法则 2　性格原因，无法做到将收进去的东西都整理清楚，所以分辨出可以省力的地方，坚守收纳的大致原则。

法则 3　东西过多容易感到憋闷，始终有意识地保持适量。

将玩具从原装的盒子中取出，放在统一的盒子或抽屉中收纳。拿出来或整理都很方便，也能调动孩子的积极性自己动手。

尽管最理想的是抽屉或盒子里面也都干净整洁，但其实对于这些做不到的事情不必非要坚持，可以让自己省力一些。只要能将东西按照确定好的框架大致规整就好。

有些人家里尽管有很多东西，也能保持漂亮，但 tomo 属于对过多的物品感到疲累的类型，因此始终有意识地将物品控制在适量的范围。她的策略是在购买物品前，先腾出相应的空间。

目标是大人与孩子都能舒适居住的空间

tomo

起居室 & 餐厅

根据之前家里的房子挑选了大号沙发，为此，现在的起居室里就放弃摆放桌子了。大号沙发能够让人充分放松，感受舒畅氛围，绝不会选择小号沙发。

电视机柜中存放的是与家电相关的物品。遥控器放在抽屉中的指定位置。白色盒子中放的是照相机相关物品。CD 等则放在隔壁抽屉里。

电视机背面放置了篮筐。经常使用的护手霜、孩子的药、棉棒等都放入其中。不仔细看基本看不见，不会显得凌乱。

用凳子充当边桌，代替了起居室的茶几。内侧的盒子里放的是自己喜欢的杂志，这个角落是视线的死角，使用的时候却很方便。

儿童房

将玩具从原装盒子中取出，放在无印良品出售的软质盒中。基本保持一个玩具对应一个盒子，整理时也很简单，只要扔进盒子里就好。

与其他玩具不同，孩子在玩小汽车的时候，通常需要寻找某个特定的车型，因此统一排列好放在较浅的抽屉里，让他可以一目了然进行挑选。

仔细观察孩子玩耍时的习惯，便能找到拿取、整理都很方便的收纳法。如果他不能自己进行收纳，原因或许在于收纳法本身。这样的思考方向比较好。

集中放置孩子物品的和式房间。将单元柜横过来排列，孩子便可以自己拿取物品。将 artek 出品的桌子截短桌腿后配合儿童椅，成了孩子画画的地方。

tomo 对于室内装饰乐在其中，喜欢北欧的现代风格，便一点点添置心仪的家具和照明。最终打造完成了这个风格简约的空间，让人完全想象不到她有个淘气调皮的儿子。意外的是，明明做到了这样的空间完成度，她却说自己其实经常需要转换工作，而且有时也会在理想和现实的抗衡中败下阵来。

起居室之所以能够保持为"大人的空间"，是因为她将隔壁的和式房间定为儿童房，孩子的物品全都集中在这个和式房间内。这样一来，孩子玩耍的场所可以清晰地与起居室隔离，也更容易保持起居室的清爽干净。关键点便在于利用了这间与起居室相邻的房间。即便孩子把玩具带到起居室，收拾的时候也很方便就放回原位，不会散乱四处。

儿童房的打造则侧重于发挥榻榻米的长处，将和风与北欧风格融合。"我特别留意到，这样安排让孩子玩的时候取玩具很方便，自己整理也很方便。"观察孩子玩耍时的状态，经过考量后规定的收纳法，让孩子很容易找到玩具，并在使用后自己整理好。只要是符合孩子习惯并能让他明白的简单收纳，他就能意外地做得很好。"与成长的步伐相适应，收纳和房间的安排也都相应做出调整，理想的儿童房是与孩子共同成长的空间。"

电话及网络所需的调制解调器放在这里，因为同时需要储存卷起的电线，选择了无印良品的文件盒，看上去很整洁。路由器也竖起来收在盒子里，可以说是一种「障眼法」。

壁橱下层空间统一存放幼儿园用品。位置比较低，因此孩子自己也可以动手做准备或者参与整理。

1

装上撑杆，用来挂制服。其他季节的衣服则放在壁橱内侧。

3

幼儿园的背包放在单元柜上方的固定位置。

6

纸巾、手帕、小毛巾、幼儿园用餐垫布都放在这里。可以从这里取出直接塞进背包中。

2

tomo 会在前一天搭配好第二天要穿的裤子和袜子。孩子便不再需要挑选，在早上独立穿上衣服。

4

袜子、内衣、短裤以三件套的形式来存放。洗完后便归放到这里。拉链袋原本是用来装雨衣的。

5

帽子也有固定位置，自己就可以取放。

7

携带大件物品外出时必需的布包存放在这里。

8

绘画用具放在壁橱最底层。需要时便将盒子整个取出，在桌子上画画、填色。

角落

KOUGU

PEN

起居室与走廊衔接处的角落，是每天都会经过数次的地方，用来收纳使用频率较高的东西。抽屉柜按照文具、缝纫用品、药物、工具等类别进行收纳。据说这是从 Emi（P54）那里得到的启发。

盥洗室

利用洗面台和洗衣机中间的缝隙，放置了较窄的架子。洗面台处琐碎的东西很多，这个架子非常实用，而且还正好挡住洗衣机，让它不那么醒目。

架子最上面的篮子里收纳零食，为了防止孩子擅自拿取，特意放在了高处。

架子下方放置了抽屉盒，用来保存食品。使用 OXO 的盒子存放粉状食品和大麦茶等。

有一定高度的抽屉则用来放置清扫用品及替换装的存货。高度正合适，不会造成空间的浪费。

右边的篮筐放的是吹风机，左边则将眼镜和梳子竖立收纳。放在很容易够到的地方，用起来很方便。

资料

与丈夫、三岁的儿子，三人共同生活。
（现在加上次子，四人共同生活）
65m² 三室一厅
建筑年数 18 年
兵库县

博客
lifeco23.exblog.jp

为了在不到3叠（5平方米）的厨房中确保收纳空间，放置了钢制架子。家电保持原样，细小的物品用篮筐或抽屉存放起来。

从厨房的状态便能充分领会 tomo 采取的物品精简化的策略。放在吊柜上的东西保持在最低限度，基本都放进橱柜里面。

厨房

燃气灶下方的收纳。因为锅子保持在最少数量，所以拿取归放都很方便。盖子和平底锅都竖立摆放。

在吊柜下方的管状架子上放置水壶，厨房用纸放进里面，一下子就能拿到。

抽屉竟然用来放餐具？这么做的目的是避免将自己珍爱的餐具放在高处。

吊橱中用宜家的盒子存放东西，显得非常整洁。餐垫、杯垫、便当盒等都放在里面。

纸质的文件盒重量较轻放在吊橱内部，拿取、归放都很方便。水杯和餐巾纸都放在里面。

应对危机时刻的
防灾用品收纳法

防灾用品尽管不是每天使用，
却需要有所准备。
请告诉我们如何收纳为好。

曾有过恐怖经历，充分做好准备

Saito 曾经直接经历过关西和关东大地震以及纽约的恐怖袭击。在床下和阳台上都存放了可饮用一周的水，在拉杆箱中放了两天的食物，以及药物、鞋子、尿布等。玄关处连安全帽都准备好了！（P110~ Saito 家）

与户外活动用品一起放在玄关处

防灾用品选择了市售的应急用品袋，以及所在区域的防灾地图。另外，还将家人的鞋子和野餐垫放在抽绳袋中，与简易型帐篷统一收纳在玄关处。（P78~ tweet 家）

考虑到移动选择轻便的工具，以儿童用品为主

"老家是从这里步行可达的距离，如果出事情不会选择在此处过多停留，所以不需要带太多东西。只要准备孩子需要的最低限度物品即可。"比如，防灾头巾、水杯、纸巾、毛巾、塑料袋、口罩等。（P22~ 清水家）

为防止备用品损伤，存放在容器中

在坚固的容器中放入罐头食品、劳动手套、电池、宠物食品、盐等物品。为了应对断水情况，准备了充足的水。一直常备在靠近玄关的和式房间内，危急时刻可以方便地取出。（P84~ Aula 家）

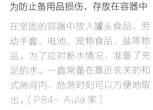

使用喜爱的双肩包，紧急时刻也能放松

夫妇二人使用的避难用品，都归在一个背包中。里面有蜡烛、所在城市的防灾地图、垃圾袋等。双肩包和蜡烛都是一直用的东西，与物品之间的情感可以带来一些安心感。在玄关的鞋柜中随时待命。（P62~ 本多家）

好像是不经意放在玄关处的行李

如果将防灾用品收在橱柜里面，那就不能 马上取出，失去了防灾应急的意义。想要放在玄关处而架子上又没有适合的空间，使用麻袋将所有东西装进去，原样放在玄关处。（P98~ 泊家）

Part 4

家里东西散乱时，必然会出现的借口就是"空间太小"。很多人会认为如果空间宽敞，做收纳会很轻松，但也有人不将狭小空间视作阻碍，仍然打造出漂亮的家居环境，他们的想法对很多人都有帮助。这种积极向前的态度，也一定程度上给予人们激励。

不以"空间太小"为借口的
收纳 & 整理

4.5叠（约7平方米）的小小起居室。为了让空间显得宽敞一点，便将沙发背后的移门拆除与餐厅相连，并采取没有压迫感的开放式收纳。

运用改造力，创造具有男人味的开放式收纳

泊知惠子

法则 1	不善于收纳，就不收进柜子，采取可见式收纳，一目了然。
法则 2	统一空间基调，保持清爽整洁，为此全力以赴亲手改造。
法则 3	孩子的东西以孩子的视角进行收纳，需要回应"把那个拿出来"的麻烦得以减轻。

对于收纳并不擅长，把东西都收进柜子的话，就会搞不清楚东西放在哪里，很难管理，所以采用了可见式收纳。

采取可见式收纳，关键在于放在外面的物品要具有一致的格调。因为不可能从零开始重新购买家里的物品，于是便通过改造，统一物品的气质。

与孩子们有关的物品，希望他们能自己取放，便收纳在孩子容易明白的场所。孩子们"把那个拿出来"的要求渐渐减少了。

起居室

沙发旁印有字的麻布是增添空间设计感的重要点缀。其实这并不是单纯的装饰，同时也有掩盖住后面熨衣板的功能。

电视机柜下面的空间也没有遗漏，放入的木盒用来收纳 CD。电视机柜也经过重新改造，用油性着色剂重新刷涂，变得更酷。

电视机柜看上去像是抽屉的部分，其实是用磁性贴附在表面的遮板。里面放着打印机等物品，轻易就能拿下遮板，用起来很方便。

用了很久的手推车抽屉架，经过改造变为装饰架。架子上面收纳了自己做的印章，不仅可以作为一种装饰，使用时拿取也很方便。

购入 Acme Furniture 出品的这张
桌子，是整个室内风格变帅气的契
机。厨房的柜门则用胶合板贴上进
行改造。

吊橱下方的管状架上放的是砂糖、盐等调味料，统一用瓶子装。自己做的标签可以统一风格，即使是开放式收纳，也能做到漂亮整洁。

燃气灶前方放置了木架子。自己做的话可以按照空间尺寸调整大小，哪怕是一点点空隙都能利用到。正因为是狭小的空间，才能真正发挥DIY的本领。

起居室

洗碗机的背面将百元店买来的铁架子改装，用来吊挂学校寄来的通知书或印有文字模样的纸被当作窗帘。移过来之后便能挡住视线。这些通知书如果收起来就很容易忘记，为了不对室内风格造成影响，进行了巧妙的改动。这是从自己很喜欢的博客主那里借鉴来的主意。

燃气灶下方放置的架子，恰好将平底锅、汤锅整齐收纳，锅子不用堆叠起来，拿取格外方便。附在柜门里侧的钩子用来挂橡胶手套，这个主意很棒。

吊橱的门利用壁贴纸和木框的组合，打造出咖啡馆的黑板风格。用白色马克笔写上字，并不会像粉笔那样出现掉粉的问题。

"房间又脏又暗。"泊女士回忆起刚搬到这间建筑年数45年的集合住宅时，这样说道。她必须面对的，不仅仅是三个人得居住在这个52平方米的狭小空间内的难题，还有房子的老旧。然而，现在这间房子让人完全感受不到她所形容的样子，而是一派时下流行的男性帅气风格，变身成为时尚的居家空间。搬到这个家之后，她便尝试挑战DIY，自己安装了木板墙壁，并涂成白色。首先，成功地让房间显得明亮宽敞。

大概一年以前开始运用字样设计的杂货，并开始选用黑色和茶色打造男性风格。平时使用的杂货则稍加改造，变得更时尚的同时，收纳法也随之改变。之前收纳的目标是"收起来更清爽"，结果拿取和使用都很不方便，整理也变得麻烦。渐渐地，她意识到如果将杂货的风格都统一起来，即便都放在外面也会很漂亮，便立刻转向了可见式收纳这一派。"把那种一定要收进去的既定观念抛诸脑后，真的会轻松很多。"泊女士这样说道。之前将东西全都收起来的时候，经常会忘记或搞不清楚是否有这件东西，常常为此感到困扰。现在完全没有这方面的问题了，不但没有必要添置那些带有橱门的收纳家具，而且不用忍受橱门带来的压迫感。改变收纳法这件事，也与想让房间显得更为宽敞的愿望紧密相关。

1

使用开放式架了的侧面空间。家电在这里能够直接连上电源，始终处于即时可用的状态。

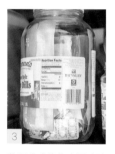

2

放置咖啡滤纸的架子是用木片做成的。形成了良好的动线，能够顺畅地衔接咖啡冲泡的全过程。

3

装西式咸菜的大号玻璃瓶很可爱，吃完后便用来放置药物。在瓶子中放入一张手工纸，用来遮盖内容物。

4

中学三年级和小学四年级的两个儿子共同存放零食的盒子。放在他们够得着的位置，孩子们有需要的话，会自己拿。

5

取放米箱时，遮挡视线用的金属网用磁铁吸在上层的架子上，便不会形成阻碍了。

6

加工食品和罐头食品等存货放置在盒子中，盒子是宜家购买的，自己贴上了字体设计的贴纸。

7

用麻布遮盖起来的是烤面包机。

8

微波炉上方放置的是银制餐具盒，需要使用的时候便一整个盒子拿到餐桌上。

9

为了让孩子们也能帮忙做餐前准备，便把餐垫及擦手巾存放在这个位置。

厨房置物架

将带有柜门的柜子处理掉而改用开放式架子，对自己储存的食品更容易把握。"以前没能好好打理，有很多过了保质期的食品大量囤积着。"

资料

与中学三年级的长子、
小学四年级的次子，
三人共同生活。
52m²
建筑年数 45 年
大阪府

博客
http://smtdfactory.blogspot.jp

起居室置物架

1

用喷绘的方式改变胶带切割器的颜色，并特意贴上显得破旧的标签纸，风格一下就变了！

2

百元店买的橱柜挂篮用来放置遥控器。

3

将百元店买的木盒装上把手，并制作框架。文具、指甲剪、体温计等都放在小抽屉里。

4

因为习惯在起居室化妆，所以化妆包就放在这里。

6

加湿香薰灯贴上标签后，便有种独特的风格。香薰油就放在下一层架子上，使用时拿取更方便。

7

被用作收纳的铁盒子有点类似德国废旧军用品，眼药水、外用涂抹的药物都放在里面。

5

纸制的文件盒只需盖上数字印戳，就会立刻提升时尚感，令人不可思议。

在电视机柜旁边放置的架子尽管很高且颜色偏深，却丝毫没有给人压迫感，这恰恰是因为开放式的架子没有橱门，人们的视线可以穿过的缘故。同时，架子的一部分空间用作装饰并没有塞满东西，这也是没有厚重感的原因。

玄关

玄关处的墙壁由衬底用的胶合板铺就，给人留下强烈印象，与字体设计的画框等非常协调。将眼镜排列整齐，采取展示式收纳，也是个好主意！

卧室

两个儿子房间里的壁橱。老是要开关柜门进行整理，孩子们会觉得麻烦，便对柜门进行DIY改造，下半部分做成了开放式。

与室内装饰风格不协调的柱子和屋
檐线用白色的和纸胶带粘贴起来，
拉门用多孔板遮挡。架子也用和纸
胶带粘贴，装饰成黑色。

即便空间狭小也毫不气馁，打造出最爱的黑白世界

高桥秋奈

高桥的收纳 & 整理 *rules*

法则 1 最爱黑 × 白 × 灰。用黑白色调进行统一，空间显得干净清爽

房间各处有很多颜色的话，会给人杂乱的印象。克制地对颜色进行限定，即便东西摆在外面也会显得整洁清爽。

法则 2 在同一场所放置东西，其收纳用具也都应统一为相同的形状和颜色。

相同的物品排列整齐地堆放在一起的样子，无论如何都会显得整洁漂亮。在相同场所放置的物品，比如瓶子、盒子、抽屉等，只要统一形状和颜色就会很整齐！

法则 3 想要摆放的位置确定没问题吗？购买前切记测量尺寸。

在狭小的空间做安排，可谓是差之分毫，失之千里。摆放物品前，一定要事先测量。这是经历多次失败后的经验谈。

卧室

将 HAY 出品的文件夹在架子上展开，充分享受其设计美感的同时，还能用来收纳首饰。这些琐碎的东西可以用这个方法分别放置，是个灵活运用文件夹的好主意。

在架子上放着的这件物品，看似外文书，实则是个收纳盒。将零散的笔记和文具放入其中，做成可以展示的收纳。

在球形的木块上用电动钻头打洞后插入木棒，可以做成挂钩。安装在多孔板上再挂个燕尾夹，用作展示。

床上用品也以黑白色调统一，打造出一个时尚角落。贴上雅致的海报，演绎窗边的风景。用凳子代替床边桌。凳子的用途很多，在狭小的房间里可以说是备受珍视的家具。

再生纸收纳盒也涂成白色，与空间相呼应。CD、DVD、游戏软件、家电用品的电线和充电器等都收纳其中。

暂时放置首饰的场所。用丙烯颜料草草地在木板上涂画，散发些许艺术气息。取下的首饰放在这里不容易丢失。

放在地上的铁丝筐用来放置杂志和平时使用的背包，确定好固定位置，就一定会放回原位，不会造成散乱的印象。

桌子下方的架子上收纳了笔记本电脑。平时用自己亲手缝制的黑白色拼贴布遮盖。桌子则漆成了黑色。

床尾放置了电视机和凳子。在狭窄空间内，用凳子来做摆设，会增添很多乐趣。当然，装饰品是以黑白色为基调的。

墙壁和旁边的拉门用 5 厘米的宽幅和纸胶带粘贴，大大改变了房间的印象。差不多使用了 1.5 米左右的胶带，只要 2000 日元就能完成改造。展示架也是自己亲手制作的，靠墙放置。

高桥女士开始沉迷于黑白色调的契机，是搬家后浏览了黑白色调内装的人气博客，被其吸引。尽管她自己谦虚地说道："我们家是租的房子，内装的基调也不是白色，所以还有不足、不够彻底的感觉。"但是在两个人共同生活的 40 平方米空间内，还有在租约到期后必须恢复原样的苛刻条件下，她依然成功地跨越了障碍，实现了白与黑的"世界观"。由于不能花费大量金钱在空间内装上，便通过改造和 DIY 的方式，完成了现在这样的空间。

将室内装饰的颜色限制在白 × 黑，以及一部分灰色内，不仅让整个空间形成统一感，也让收纳变得更漂亮了，这一点让人欣喜。用色彩缤纷的杂货做装饰，或者日常用品采取可见式收纳等，都很容易显得杂乱不堪。将色彩进行统一的效果非常显著。除此之外，收纳用品大部分都是白色或黑色，打开壁橱时也很漂亮，心情也会变得愉快。这种愉快的心情也为始终维持这个状态提供了动力。正因为认知到黑白色调这一心头好，高桥女士才开始真正热衷于室内装饰设计。她小小的家让我们意识到，只要有热情并乐在其中，就能克服空间狭小这个限制条件。

将壁橱的移门撤除，装上撑杆，挂上窗帘，与室内装饰的格调保持统一。如果使用移门的话，壁橱不能做到完全敞开，就必须将收纳空间左右分隔。而使用这个方法，壁橱中央部分的纵深空间也能完全利用。将一些使用频率较低的物品放在深处，只要将收纳盒往前移便能拿到，使用起来很方便。

1

鞋子都收纳在壁橱中。用在乐天购物网站上发现的黑色鞋盒，替换掉原包装，贴上标签后变成了漂亮的收纳用具。

2

抽屉盒里存放的是袜子、内衣等。

3

针织衣物颜色杂多，便用包装纸遮挡起来。

4

抽屉盒前端保持对齐排列，使用更方便。

5

做手工的材料和文具收纳在这里。用达美（Dymo）标签机制作的标签贴在盒子外部，找东西的时候更加方便。

7

在 mon·o·tone 购买的盒子里存放细小的文具和手工材料。可以像书籍一样竖立摆放。

6

在壁橱专用的白色架子里面使用宜家购买的白色盒子进行分类收纳，喷漆和缝纫用品都放在里面。

资料

与男友两人共同生活。
40m²
两居室
建筑年数 27 年
东京都

厨房上方的窗户原本就没有光照，
便做了架子挡起来，用来放置调味
料。这个架子也正好能用来存放厨
房的一些小物件，非常方便。

1

餐垫布竖立存放，节省空间。

2

亲手制作的包和百元店发现的网兜用 S 形钩子挂在架子侧面，灵活地用来收纳东西。

4

太多餐具叠放在一起的话，位于下方的餐具使用起来就不方便，于是便用这个 "コ" 字形的架子，上下区分进行收纳。

5

在无印良品购入的文件盒则用来放置托盘和食材等。

3

宜家购入的锅盖架被用来放置餐盘，相较于叠放的收纳方式，这样能够迅速取出想用的盘子。

6

盒子里面存放了罐头食品、意大利面、油和零食等，放在盒子里能遮挡住色彩各异的原包装，显得更干净整洁。

厨房

在厨房的另一侧隔着餐桌放置了开放式架子和电冰箱，从动线上来说加长了一些距离。尽管是开放式的可见收纳，但餐具也挑选了黑、白、灰三色，对室内装饰的风格完全没有影响。架子用来存放餐具。

当机立断地决定将窗户封起来放置架子，这样一来物品近在手边，非常方便。架子不宽，因此有重复的东西很容易就发现了。

在 mon·o·tone 购买的盒子，用来存放垃圾袋和塑料袋，拿取很方便，而且还能节省空间。字母标签是高桥女士自己制作的。

燃气灶旁边的墙壁上安装了吸附式撑杆，用来挂工具和隔热手套，还能巧妙地放置锅盖。右上角的黑色夹子正好用来套橡皮圈，用起来更为方便。

常备的瓶装水放在地上的篮筐里，将包装标签撕掉后，外观简洁，就算放在外面收纳也完全没问题，显得清爽整洁。

厨房空间狭小，因此柜门的内侧也不能遗漏，同样用作收纳，相较于用抽屉，像这样吊挂在橱门上拿取更便捷。

以前会更喜欢有很多装饰物的室内空间，待在里面觉得气定神闲，生了孩子以后，开始转而喜欢简洁风格。玩具都集中放置在另外的空间，这个房间则偏向大人的氛围。

为了住在市中心，特意挑选了小型公寓

Saito Kii

法则 1　不以"空间狭小"为借口，而将狭小当作优点，享受花费心思的乐趣。

如果将空间狭小作为借口，那么无论怎样都无法解决这个问题。反过来，用积极的态度面对，在为此花费心思、下功夫的过程中享受乐趣。

法则 2　一点一滴进行收拾，不做大规模整理。

空间狭小的话，能够更快地发现脏乱的情况，因此不要疏忽任何前兆，从小事做起进行整理、打扫，就不会演变到一发不可收拾的地步。

法则 3　挑选的物品都拥有"即便放在外面也不碍眼"的设计。

因为有孩子，就不得不面临东西摊在外面的状况。挑选设计上不碍眼的东西，可以很好地解决这个问题。

儿童房

只有 3 叠大小（约 5 平方米）的儿童房，却有些秘密基地的感觉，待在里面觉得安定平静。刚好能够放入这张幼年期使用的儿童床，还能再使用 7~8 年，那之后再思考翻新改造的方案。

因为基本是在抽屉柜上给孩子换尿布，所以抽屉里存放着尿布和湿纸巾。将尿布从原包装中取出，采取与内衣相同的收纳方式。

孩子的衣服竖立存放在抽屉中。宜家的 SKUBB 系列收纳盒能够很好地区隔抽屉空间，便于使用。

起居室

电视机柜下面的一个抽屉用来存放收据、缴费单等，防止这些东西散乱在桌子上。

这个抽屉孩子自己便能打开，因此就放些没有危险性的东西，如椅垫、玩具等。

桌子靠墙摆放，可以
节省空间。"将书本
扫描成电子文件，多
出来的空间用来存放
因孩子出生而增加的
物品，之前的装饰品
也全都收起来了。"

在架子的上半部分，放置红酒的箱子上有一个简单的纸盒。因为总会不经意间顺手把东西放在桌上忘记收拾，这个纸盒能充当这些东西的临时摆放处。

为了避免孩子碰触，把文具类放在架子上层。下端的抽屉里存放使用频率较高的物品，上端的抽屉则存放使用频率较低的物品，这样区分收纳，使用更方便。

儿童椅放在餐桌旁会影响从餐厅到起居室的动线。所以平时就放在角落，使用时再拿到餐桌旁。

纸巾盒也是放在从上而下第二层架子上。这个做法虽然有些出乎意料，但其实不仅能够防止孩子随便抽取，使用起来还方便，桌子也能保持干净清爽。

餐厅

会在架子上准备一个空盒子，孩子散乱在地板上的小物件集中捡起来的时候，可以先统一放在这个盒子里，再归放到原位。

分量较重的木头玩具则放在最底层，将玩具从原包装中取出，放在统一的篮筐中，看上去很整洁，孩子玩耍的时候也很容易分辨，可谓一举两得。

绘本和玩具集中存放在下面两层架子中。孩子自己可以方便地拿取，在这里玩耍的时间自然就会变多，玩具就不会被带到起居室。

无印良品的藤筐用来收纳玩具。放在架子上就像是抽屉一样，可以连筐一起拿出来，对孩子来说非常便捷。

在考虑购置房产时，很多人也许会觉得长期居住的话需要一个更宽敞的房子，因此会倾向于选择那些房屋面积较大的地段。但是，Saito 一家却舍弃了这个选择。尽管以相同的预算可以购买更宽敞的空间，只需坐几站地铁就好，但最终还是选择了现在这个不满 60 平方米的公寓。因为他们购房的首要条件是要住在市中心，且丈夫的公司步行便可到达。

"在步行可达的范围内，如果没有相配套的各种设施，就会形成压力。曾经也尝试过住在郊外，但我们注意到，相较于空间的宽敞度，自己更重视住所周围的环境。"Saito 女士这样说道。而且，空间小的话，整理和打扫都相对轻松些，只要以积极的态度面对这个问题便好，最后选择了现在这套小公寓。

即便是狭小的空间也希望舒适地生活，于是便开始培养"生活组织者"（life organizer）的意识。面对这个狭小的空间，以及有孩子的状况，她学以致用、花费心思，下功夫打造了一个干净清爽的空间。"不将'空间狭小'作为借口，最大的诀窍在于享受其中的乐趣。"空间很小，因此会很快注意到灰尘或杂乱，清扫和整理也相应变得更频繁。在变得彻底混乱之前完成整理，从这点出发，空间小反而成了优点呢。果然，归根结底，积极面对空间狭小的态度本身是最重要的。只要有这样的态度，便能克服重重困难。

卧室一角设定为书房空间。定制了宽度较小的桌子，非常适合房间的面积，不会让空间显得狭小。中间的抽屉柜会留一个空着，以便存放那些容易随意摆放在桌上的物品。

同样地，选择宽度较小的抽屉柜代替梳妆台。抽屉柜里存放着立式镜子，化完妆之后便收回抽屉，让柜面保持干净整洁。

卧室

会在洗面台上熨烫衣服，挂衣钩安装在旁边卧室的墙面上，烫完的衬衫可以直接挂在上面，然后再统一归放到衣橱内。

资料

与丈夫、两岁的儿子，三人共同生活。
59m² 一室一厅 + 书房
建筑年龄 4 年
东京都

博客
blog.keyspace.info

玄关

玄关处放置的架子，一个用来存放起居室放不下的东西。因为玄关位于居住空间的中央位置，拿取方便，使用起来也很顺手。

1

家电的使用说明书以及尚未电子化的食谱收纳在此。

钥匙也放在架子中的固定位置。回家后就放在这里并养成习惯后，便不会出现总是要找钥匙的情况了。

穿好鞋子，经常会忘记拿手帕，因此将手帕放在这个马上能拿到的位置，防止忘记。

4

洗涤剂等日用存货，只购买能放进这个位置的量。

5

外出时必须使用的儿童用品都集中放在这一层，包括医疗保险卡、雨衣、驱虫剂等。

6

右侧放置拖鞋，将不太穿的鞋子放进布袋中，收在左侧位置。

厨房

水槽上方的吊橱用来存放平时使用的餐具，并加配了挂篮，让碟子不会过度叠放。

冰箱和墙壁之间的缝隙也绝不放过，巧做收纳。儿童用餐围裙和环保袋便挂在这里。

经常使用的厨具用银色金属筒收纳，并配合不同高度分装在三个不同大小的收纳筒中。

水槽上方的橱柜是放置调味料的地方。用统一的瓶子换装，整齐干净，放在旋转架上。里侧的调味料也能方便地拿取。

这是一般用来放置调味料的架子，由于调味料放置在别的地方（右图），这里就用来存放备用的调味料。

厨房是完全独立式的，这样才能充分确保收纳空间，是非常适合狭小空间的布局。『尽管喜欢紧凑的居家空间，但还是属于东西多的那类人，因此要选择有足够收纳空间的公寓。』

内藤的收纳 & 整理 *rules*

法则 1　仔细检查橱柜中的物品，不用的东西及时处理。

法则 2　可见、展示、隐藏，三种收纳法配合使用。

法则 3　房间角落里出现"积而不用"的东西，就是需要整理的讯号。

妻子美保有空闲时，便会打开柜门对"长期未使用的东西"进行检查。即便是"还能再用的东西"也会一并从家中清除出去。

基本上采取可见式收纳，不装柜门，一个动作便能完成取放。为了保持紧张感，会有一部分是展示式收纳，而不想让人看见的东西，便隐藏收纳起来。

"只要地板上有东西放着，就会让人烦躁。"需要洗的东西、书本、背包等忘了收起来的东西在房间各处出现时，便会一下子燃起斗志开始整理。

解决收纳问题的过程充满乐趣

内藤正树·美保

吊挂在沙发扶手上的铁丝筐，用来放置空调和电视机遥控器。确定好固定的摆放位置便不会随意乱放，而且坐在沙发上就能随手拿起操作，让人很轻松。

内藤正树小时候一直使用的椅子与铁丝筐组合起来，变身婴儿用品区。换尿布及护理身体时必需的物品都集中在这里。

看电视、听音乐、与家人共度悠闲时光……起居室就是放松心情的地方，因此尽可能不放置杂物。立体音响和扩音器是祖母一直用，后来转送给内藤一家的。

起居室·餐厅

宜家购入的时钟架用来展示自己喜欢的各种杂货。第三层放的是iPad。红色的保护套与右手边的台灯在不经意间相映成趣。如果架子上东西少了，空了一层，便会觉得有点别扭，自然会把东西放回原位。

选择将吊橱门拆除，展示式收纳的关键就是要保持整洁。使用橱柜下挂式的圆棒，将厨房用具、马克杯等吊挂收纳。洗洁剂也放入铁丝筐挂在圆棒上，半空中也有了收纳场所。

避开排水管，在两侧分别放置了宜家的带滑轮垃圾箱。可以整体拉出来，因此里侧的空间也能充分利用。柜门上则用吊篮放置调味料。

抽屉靠外侧存放着城市垃圾处理规则的示意图。"不想贴在冰箱上，但因为还是需要时不时拿出来确认，就放在这个稍微拉出来一点便能看见的地方。"

下水道网兜则从原包装中取出，在中间箍上一圈橡皮筋进行固定，使用时每次抽取一个。

厨房

水槽下方的空间叠放着两个折叠式架子，对空间进行上下区隔。白色盒子放在架子上，像是抽屉一般，用来存放干货及方便面。附有把手的白

玄关	盥洗室	储物间

将木板与砖头穿插叠加做成的鞋架。夫妇俩的鞋子一共就这些，由此可见两人保持少量物品的风格。尽头处的洗面台则用窗帘进行遮挡。

这些色彩缤纷的毛巾让洗面台周围富有生趣。在天花板和地板之间用挂衣架式挂杆固定，在最上端的支架处吊挂毛巾储存件。

走廊上的储物间门板用黑板涂料涂成黄绿色，可以用粉笔在上面画画。拉开后放置着洗衣机，排水管拉出来后将水排进对面的浴室。

波浪形的钥匙架特意选择了蓝色，与黄色的墙壁相呼应。独特的造型使它看上去并不像是收纳用具。家里的钥匙都收纳在这里。

由于没有收纳空间，便在墙上安装搁板，放置洗脸用品。收纳用具并没有完全统一，适当地玩味这种生活感，是内藤家的特色。

在储物间内的狭小空间内有效利用了搁板和撑杆的。清扫用品、纸巾、尿布的备用品都放在这里。清洗剂等则利用喷嘴收纳在墙上。

在45平方米的老式公寓房内，内藤一家三口愉快地生活着。将拉门撤除，并涂装成白色的空间，看上去明亮开阔，丝毫没有狭小局促之感。收纳的规划首先从壁橱开始，将移门撤除之后，壁橱整个显露出来，效果却出乎意料地好。"只要想到拉上柜门便看不到了，就会一个劲儿地往里面扔东西。但在这种开放式的、全都看得见的情况下，就会想要保持整洁，一丝不苟地将东西放回原位。尽管我并不勤快，但还是会注重美观。如果看得见的话，就会像商店里摆放的那样将衬衫都叠得整整齐齐。所以这种做法还是比较适合我的。"正树说道。让人感受不到空间狭窄的另一个秘诀在于空间大小和物品多少的良好平衡。其实，妻子美保是一个相当严重的弃物狂。就在前几天，刚买进饮水机，她立刻将电动水壶处理掉了。

"因为是相当老旧的集合公寓，收纳空间非常有限。不用的东西就是个麻烦，放在那里心里就会觉得烦躁。有空的时候，就会将柜门打开，一个劲儿地找不要的东西。"（美保）"我的收纳属于问题解决型。如果有问题出现，就会寻找原因，思量解决方法，按照自己的要求进行调整。这样一来，每天的烦躁感便会消解，心情变得舒畅！不停地思考，享受这个过程，是我喜欢做的事情。"（正树）

壁橱对面是涂成橘色的墙壁。不想要太过晃眼的效果，所以用镶上黑框的镜子稍加收敛。

吉他和鸟的装饰品让这里变成充满喜爱之物的房间。「再小、再老旧，无论身处什么样的环境，生活都是跟随自己发生改变的。」提到收纳及空间打造带来的乐趣，内藤这样说道。

将移门撤除后，壁橱完全开放了。里面也涂成白色，改变了空间的纵深感。利用抽屉和储物件，将可以外露的东西与想要隐藏的东西进行区分，完美地收纳在一起。

1

平时使用的背包等都有确定的收纳位置，防止随便放在地上或沙发上。

2

家里小修小补所需要的DIY用品在这里随时待命。

3

从上面望去可以一览无余的抽屉中放的是药品。为了防止药品晃动，用收纳盒区分整理。

4

使用网眼较小的篮筐，可以让内容物不那么明显。里面放的是美保的内衣。丈夫的细心令人动容。

5

美保的衣服收纳于此。换季时都会重新检视，采访时春天的衣物共 12 套，冬天的衣物共 5 套。

衬衫专门放在衬衫储物件中，采取可见式收纳，重要的是保持整洁的状态。

婴儿内衣会卷起来存放。"没有什么压力，马上就能收起来。"

8

灵活运用书挡对收纳盒进行区隔。靠近手边放的是袜子，里侧则是保暖内衣。

壁橱

设置在壁橱内的电脑区。在壁板上安装了铁丝网，脚边放置了推车，以确保收纳空间，可以存放文具和纸制品，有效地利用了空间。

资料

与丈夫、一岁的女儿，三人共同生活。
45m²
两室一厅
建筑年数 49 年
东京都

博客
palette.blush.jp

无需"努力"！
为懒人设计的整理术
来自懒人收纳作者的报告

1

在水槽上方吊挂平底锅，相较于拿取的
便利度，更重视"放回原位的便利度"。

不要以教科书般的收纳法为目标进行整理。

在为本书进行采访的过程中，让我们吃惊的是受访者居多。

自我定义为「懒人」，也就是说，大家都按照无需努力便能维持的方法打造了干净整洁的空间。而在近二十年间采访了约一千户人家并同样自称「懒人」的收纳作者 A，则进一步以懒人的视角，向我们介绍自己发现的各种好主意。

我是本书撰稿人 A，经常在杂志上撰写收纳相关的报道，采访了众多被称为"收纳达人"的对象。但是，在贯彻这些对收纳和整理非常擅长的达人的方法时，时间和干劲似乎都是必不可少的。像我这样的懒人，即便想模仿学习，却终究无法做到百分之百。

另一方面，正因为对收纳和整理犯愁，所以想要在自己力所能及的范围内发现轻松实行的方法。抱有这种想法的懒人们采取的特别收纳法，相对更容易完成，还具有一定的宽容度，允许学习者自行组织调整。

比"拿取"更难的是"放回"

为了寻求无需努力便能维持的好方法，我尝试观察懒人们的情况。发现他们跟我一样，最不擅长的是将拿出来的东西归回原位。用"拿取、归放"一语带过的情况很多，其实拿出来与放进去（放回原位）两者需要的动力存在着一定的差距。现在开始准备使用的东西还好说，要将用完的东西放回去就需要更大的动力了，会变得困难很多。大多数懒人也注意到了这一点，便花费很多心思创造一个能将东西轻松放回去的环境。

具有代表性的例子是内藤正树家的厨房(P116、图 1)，平底锅就挂在水槽上方的挂杆上。如果是为了拿取方便，那么燃气灶周围的收纳空间应该更合适。但是，内藤先生优先考虑的是"便于归放"。在水槽中清洗完毕后立刻就能收起来，因此还是水槽上方的空间更适合。

2

缝纫用品在很多场景下都会用到，所以
准备了多个放置场所，使用完立刻归放。

3

在玄关与起居室的中间放置篮筐。边走
边将口袋里的东西"随手放回原位"。

一般而言，东西的使用场所和收纳场所之间的距离越短，就越容易归放回原位。如果在家里多个地方都需要使用的物品，则会在相应的使用场所放置多个收纳用具，这样就能缩短两者之间的距离。这种感觉就相当于家里随处都放有纸巾盒和垃圾箱。经常看到的例子是笔和剪刀等物品，而萩原清美（P46）在多处放置的却是缝纫用品（图2）。在沙发上做些缝补活儿时，便在起居室将缝纫用品收在户外活动时用的饭盒中；在工作区，则是将自己爱好的手工缝制用品存放在小号手提箱中。

还有人会根据动线，如经常通行的场所、喜欢停下的场所等，设置收纳空间，让放回原位变得更为方便。tweet（P78）便在家中施行"随手放回"的方法，为了丈夫能够方便地将东西归置好，她为钥匙、零钱、单据等口袋里的东西特意设定了收纳场所（图3），一个位于玄关处的长凳上，还有一个则在走廊上。这两个地方都是丈夫回家后去往起居室的必经之路。本多纱织（P62）则利用厨房冰箱上的磁铁挂钩收纳环保袋。冰箱位于玄关与起居室的中间，每天总有几次会经过，可以随手将东西归回原位（图4）。

减少归放麻烦的"直接收纳"

除了在收纳的地点做文章，使用完的物品用同一只手抓着放回原处，即所谓的"直接收纳"，也是整理物品的一大诀窍。一旦将某样东西脱手放在某处，就很容易滞留在那里，并在那个地方一点点堆积起来。例如，宇和川惠美子（P41）向我们展示了她平时化妆用的空间。东西一用完便立刻像是被抽屉吸进去一样收拾停当（图5）。存放化妆品的抽屉在化妆过程中始终打开着，在用的东西拿在手上，用完立即放回抽屉。这样一来，她完全不需要将东西临时放置在洗面台上，化完妆的同时关上抽屉，台面便恢复干净整洁，而且完全不用特意花时间整理。另外，为了让东西不在某处堆积，有些人会特意挑选小号的餐具沥水篮。例如以前曾经采访过的山本诚先生，他便是强制性地让自己习惯

让抽屉一直打开着，用完的同时放回抽
屉，不需要整理。

4

使用频繁而且用处多多的环保袋，就固
定放在每天都会经过好几次的冰箱侧面。

5

6

特意选择小号的沥水篮，让餐具无法堆积起来。（照片／山本诚）

7

餐具不用擦干便放回架子上，沥水篮就能一直保持清爽。

8

收纳盒盖子不用合上，绳子也不用系好。只要将东西都放进盒子就好。

擦干餐具并整理收拾好，防止餐具就那样一直放在沥水篮中堆积起来（图 6）。萩原女士（P46）则不会将沥水篮中的餐具擦干，直接转移收进橱柜中。洗好餐具后放进沥水篮，在下一次洗餐具之前，会将沥水篮中的餐具放在餐具柜的固定位置（图 7）。在托盘上铺上布巾，就算残留些许水分也无需在意。每天都要用好几次的水杯则不用每次都擦干。这样一来，东西归回原位的"工程量"便大大缩减了。

不追求完美的收纳

如果自认为不善整理，那么可以暂且把物归原位作为目标，接下去的事情先不用考虑。例如，收纳盒的盖子就算没有好好盖上，也不会有什么问题（水上淳史［P28］［图 8］）。为了东西不呈现散乱状态，就都收在橱柜里面。篮筐里面即使乱作一堆也无妨（tweet［P78］［图 9］）。

收纳最后的工作，可以通过"贴标签"来标明持有的物品，也会有人像 etoile（P72）一样，采取不贴标签的方式（图10）。父母进行管理的话，抽屉里面的东西都能搞清楚，只要将最显眼的衣服放在抽屉最外侧，就没有问题。也不会因为抽屉内物品更改，需要不断地改变标签，从而产生相应的压力。不勉强自己持续地整理东西，而将把东西放回原位作为最优先的考虑。

不收起来，放在外面

还有一些懒人，连归回原位也放弃了，而采取不收起来、放在外面的方法。
水上（P28）便是如此。他将餐具展示出来，就像是商店里的摆设一般（图11）。因为放置的场所就在水槽另一面的吧台，洗完后只要放在吧台上就行，整理工作易如反掌。

只要将护发用品都放进篮筐内，洗面台上就显得干净整洁，随意放进去就好。

花朵图案是长女的，动物图案是儿子的，只要将代表性的衣物放在靠外侧，便能代替标签。

经常使用的餐具像咖啡馆一般陈列摆放，就算放在外面也很帅气！

9

10

11

12

将鞋子从鞋盒中取出，像商店货架一般陈列出来。盒子也统一购买同样的款式，适合于展示式的收纳。

13

计量勺与可爱的物品摆放在一起，形成一道风景。

14

在横梁上用S形挂钩吊挂牛仔裤，随意闲适的感觉与背景很相衬。

鞋子也排好放在架子上，采取可见式收纳（图12）。要说明的是，像这样将物品摆在外面的收纳，应该仅限于那些使用频率较高的物品。如果不怎么使用的话，就会积累灰尘和污垢。tweet（P78）将每天使用的计量勺和杯子、漂亮的时钟、隔热手套等当作装饰品一般放在一起（图13）。少了一个，看过去也会跟平时的风景不同，这就激发了她将东西归置好的动力。将脱下来的牛仔裤挂在横杆上是本多纱织的做法（P62、图14）。虽然只是用S形挂钩挂着，牛仔裤却与房间的氛围相融合，相较于脱下后随处摆放，映入眼帘的这个景象让人心情舒畅。

以毫不犹豫和乐观的态度"拒绝囤积"

物品越多，管理起来花费的功夫就越多，因此有些人索性选择不持有物品。为此，毫不犹豫及乐观的态度是非常必要的。内藤家（P116）就为了逃避自己不擅长的食品管理，将囤积食品的量限制在图中这两个收纳盒内（图15）。盒子的尺寸恰好与方便面的大小吻合。因为每天都会购买食材，并不会集中大量购买，这样的方法是可行的。另外，清水梨保子（P22）做出的决定则是不使用擦桌布。在她看来，美观与卫生这两方面无法同时做到完美，便用湿纸巾代替擦桌布（图16）。尽管湿纸巾用完就扔稍稍会有些罪恶感，但是与看到后产生的不快感两相权衡，不快感还是战胜了罪恶感。

*

像我这样对整理感到苦恼的人，只要不断地降低整理的难度，阶段性地考虑问题就好。首先，将物归原位设为目标。按照收纳的理论，"让使用变得方便"这一关过了之后，便可以进入下一个阶段。其实，善于收纳与疲于收纳两者之间的区别只在于目标的不同。只要意识到这一点而不以完美的收纳为目标，房间就绝不会发展到乱七八糟、不可收拾的地步，生活还是会比较舒适。这对不善于收纳的人而言，已经是"万万岁"的事情了吧。

食品的存货只有这两个盒子。不持有物品的话，就不需要花费多余的精力整理。

15

没有使用擦桌布，而用湿纸巾代替。轻松地维持干净清爽的感觉。

16

懒人收纳作者A
在女性杂志和生活信息类杂志工作近二十年，专门负责收纳及室内设计相关内容。采访过的家庭约一千户。自己是个不擅长收纳的人，为了寻找适合自己的收纳"标准答案"，在全国各地奔走着。

让生活快乐舒适的
收纳用具

在众多收纳用具中，
请推荐几款可以维持室内空间时尚感的物品

规格统一的收纳盒通用性更高

无印良品的化妆盒在很多人家里都看到过。
左：放入手帕和洗涤剂备用品，收纳在玄关
壁橱中。（P110~ Saito 家）
右："非常珍爱的收纳用具。外形统一、排
列整齐的样子太美了。"（P34~ 川原家）

可爱、大容量、可用于收纳的纸袋

时尚的、印有法文字母的纸袋，是
物品的"防护所"。"只是这样放着，
也能呈现出绘画的质感。"纸质的
袋子，柔软而且容量大，正好用来
放玩偶和玩具。里面再加一层纸
袋，还可以当作垃圾箱用。（P72~
etoile）

平型 S 钩不容易晃动，挂东西更方便

用来挂马克杯的 S 钩是宜家 Grundtal 系列
产品，扁平的形状是它的特色。"扁平状相
较于圆柱状更不容易晃动，挂东西更方便。"
钩子还有各种大小规格，可以分别对应想要
吊挂的东西。（P116~ 内藤家）

放在外面也很帅气、富有男子气息的再生纸
收纳盒

RE-Standard 的再生纸盒具有特殊的粗糙
感，给人时尚的观感。敞口的设计，让孩子
们收集的卡片册和片假名卡片等，能乱乱地
放在里面。这种凹凸的加工，也让耐用性显
著提升。（P84~ Aula 家）

灵活地将厨房用品用作收纳件，稍加改变便
显时尚

附有盖子的铝盒，分别收纳了钉子和螺丝。
盒子可以叠放起来，让收纳空间内显得整洁。
这原本是用来放食材的保存容器，据说是在
二手厨房用品商店发现的。（P46~ 萩原家）

用古董店找到的旧木盒打造可见式收纳

埃玛将目光投向了日本的古董店，寻找可以运用在收纳中的物品。写着"玩具箱"三个大字的木盒就放在餐具柜上面存放酒瓶等。据说是在镰仓的一家售卖日本旧物的古董店发现的。（P10~ 埃玛家）

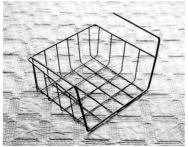

好品质及丰富的功能，意想不到的百元商品

将搁板下方的空间变为收纳场所的篮筐是必备的收纳用具。而且这个只要 100 日元！在百元店 Seria 购入。黑色的铁丝与男性风格的室内设计非常协调。被灵活运用为遥控器的收纳篮。（P98~ 泊家）

一体型的附盖收纳盒，盖子合上之后便能隐藏起来，是常年不变的选择

Found MUJI 的这款文件盒用途广泛，非常爱用。图中宽型的盒子用来存放包装各异的 DVD。"即便不绑上绳子也很有型，这种随意感很好！"（P28~ 水上家）

放在任何地方都不抢眼，用途广泛的白纸箱

能够应对任何场所的白色纸箱是在 Askul 面向个人销售的 Lohaco 店铺发现的。清水女士将箱盖向内折后，内侧也成了白色。"又轻又结实，孩子也能轻松地搬动。"由于是纸制品，处理的时候也很方便。（P22~ 清水家）

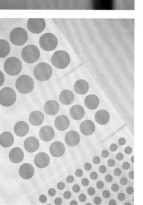

圆形和纸胶贴变身简单风格的标签

"看到这个的时候，突然就觉得'发现好东西了！'，情绪高涨了起来。"和纸胶贴被做成了简单的圆形，可以轻松完成贴标签的工作，而且对室内设计的风格没有丝毫影响。（P34~ 川原家）

GANBARANAKUTEMOII SHUNO & KATAZUKE RULES

Edited by Asahi Shimbun Publications Inc.

Copyright © 2014 Asahi Shimbun Publications Inc.

All rights reserved.

Original Japanese edition published by Asahi Shimbun Publications Inc.

This Simplified Chinese language edition is published by arrangement with

Asahi Shimbun Publications Inc., Tokyo in care of Tuttle-Mori Agency, Inc., Tokyo

图书在版编目（CIP）数据

毫不费力的轻松收纳法则 / 日本朝日新闻出版编；

袁璟译. —— 桂林：广西师范大学出版社, 2018.10

　　ISBN 978-7-5598-0976-6

　　Ⅰ.①毫… Ⅱ.①日…②袁… Ⅲ.①家庭生活–基

本知识 Ⅳ.①TS976.3

中国版本图书馆CIP数据核字(2018)第140306号

广西师范大学出版社出版发行

　　广西桂林市五里店路9号　邮政编码：541004

　　网址：www.bbtpress.com

出 版 人 ：张艺兵

全国新华书店经销

发行热线：010-64284815

山东临沂新华印刷物流集团有限责任公司　印刷

开本：889mm×1194mm　1/16

印张：8　字数：52千字

2018年10月第1版　2018年10月第1次印刷

定价：56.00元

如发现印装质量问题，影响阅读，请与出版社发行部门联系调换。

日文版制作团队

編集・文　浅沼亨子　加藤郷子

撮影　安部まゆみ（高橋さん宅、さいとうさん宅）

　　　川井裕一郎（宇和川さん宅、萩原さん宅、Emiさん宅、tweetさん宅、Aulaさん宅、tomoさん宅、泊さん宅）

　　　林 ひろし（清水さん宅、水上さん宅、本多さん宅、etoileさん宅、内藤さん宅）

　　　三村健二（エマさん宅、中川さん宅、川原さん宅）

イラスト　ヤマムラエツコ

間取りイラスト　長岡伸行

アートディレクション　knoma

デザイン　石谷香織　鈴木真未子

校正　木串勝子　本郷明子

企画・編集　朝日新聞出版 生活・文化編集部 端 香里